品質管理検定講座 新レベル表対応版

QC検定 4級 模擬問題集

細谷 克也［編著］

岩崎 日出男
今野 勤
竹山 象三
竹士 伊知郎
西 敏明［著］

日科技連

はじめに

“品質管理検定”(略して，“QC 検定”と呼ばれる)は，日本の品質管理の様々な組織・地域への普及，ならびに品質管理そのものの向上・発展に資することを目的に創設されたものである.

2005 年 12 月に始められ，現在，全国で年 2 回(3 月と 9 月)の試験が実施されており，品質管理センターの資料によると，2016 年 3 月の第 21 回検定試験で，総申込者数が 736,666 人，総合格者数が 389,810 人となった.

QC 検定の認定は，品質管理の実践や品質管理の手法について，必要性の観点から，知識，能力に関するレベルを設定し，筆記試験により，知識レベルを評価するもので，1 級・準 1 級から 4 級まで，4 つの級が設定されている.

受検者にとっては，①自己能力をアピールできる，②仕事の幅を広げるチャンスが拡大する，③就職における即戦力をアピールする強力な武器となる，などのメリットがある.

受検を希望される方々からの要望に応えて，筆者たちは，先に受検テキストや受検問題・解説集として，

- 『品質管理検定受験対策問題集』(QC 検定集中対策シリーズ(全 4 巻))
- 『QC 検定対応問題・解説集』(品質管理検定試験受験対策シリーズ(全 4 巻))
- 『QC 検定受験テキスト』(品質管理検定集中講座(全 4 巻))
- 『QC 検定模擬問題集』(品質管理検定講座(全 4 巻))

の 16 巻を刊行してきた. いずれの書籍も広く活用されており，合格者からは，「非常に役に立った」との高い評価を頂戴している.

品質管理検定運営委員会では，品質管理検定レベル表(Ver.20081008.3)を改定し，新レベル表(Ver.20150130.1)を 2015 年 2 月 3 日に公表し，第 20 回試験から適用している.

今回の改定のポイントは，①項目の内容について再検討し，必要に応じて項

目の分割などの整理・並べ替えを行う，②同一項目における級ごとの出題内容を区別し，明確にする，の2点である．

そこで，先の『QC 検定模擬問題集』をリニューアルし，『新レベル表対応版　QC 検定模擬問題集』(品質管理検定講座(全4巻))を刊行することとした．

本シリーズでは，過去問の傾向・レベルを研究して作成した模擬問題に解答と解説を加えてある．

本シリーズの特長は，次の7つである．

(1)　本番で想定される問題を精選し，出題範囲を広くカバーしている．

(2)　○×式，記号選択式など，過去の問題形式に従っているので，問題の形に馴れることができ，知らず知らずのうちに本番での解答能力が身に付く．

(3)　過去問をよく研究して執筆してあるので，ポイントやキーワードがしっかり理解できる．

(4)　解説を読むことによって，詳細な知識が養成され，出題範囲を効率よく勉強できる．

(5)　QC 手法については，受検者の多くが苦手とする分野に紙数を割き，具体的に，わかりやすく解説してある．

(6)　QC 手法は，公式をきちんと示し，できるだけ例題で解くようにしてあるので，理解しやすい．

(7)　章末に，“本章で学ぶこと”，“理解しておくべきキーワード”がまとめられている．

本シリーズは，品質管理検定講座編集委員会が執筆したが，メンバーは，日本品質管理学会の支部長や理事などの歴任者であり，大学や実業界で品質管理を指導しておられる QC 界の権威者である．

本書は，4級の受検者を対象にした『新レベル表対応版　QC 検定4級模擬問題集』である．4級をめざす人々に求められる知識と能力は，組織で仕事をするにあたって，品質管理の基本を含めて企業活動の基本常識を理解しており，企業等で行われている改善活動も言葉としては理解できるレベルである．すなわち，社会人として最低限知っておいてほしい仕事の進め方や品質管理に関する用語の知識は有しているというレベルである．

受検前に自分の力を本模擬問題集で試してもらうとともに，解説を拾い読みすることにより即戦力が養成できる．

ページ数の関係から，すべての内容を詳しく記述できないので，足りないところは，他のテキストや演習・問題集などを併用してほしい．

すでに2級，3級は発刊済みであり，残りの1級についても，近く刊行する予定である．

本シリーズが，一人でも多くの合格者の輩出に役立つとともに，QC 検定制度の普及，日本のモノづくりの強化と日本の国際競争力の向上に結びつくことを期待している．

最後に，本書の出版にあたって，一方ならぬお世話になった㈱日科技連出版社の田中健社長，戸羽節文取締役，石田新氏に感謝の意を表する．

2016 年　若鮎の躍る頃

品質管理検定講座編集委員会
委員長・編著者　細谷　克也

品質管理検定(QC 検定)4 級の試験内容

(日本規格協会ホームページ“QC 検定”http://www.jsa.or.jp から)

1. 各級の対象(人材像)

級	人　材　像
1 級 ／準 1 級	・部門横断の品質問題解決をリードできるスタッフ ・品質問題解決の指導的立場の品質技術者
2 級	・自部門の品質問題解決をリードできるスタッフ ・品質にかかわる部署(品質管理，品質保証，研究・開発，生産，技術)の管理職・スタッフ
3 級	・業種・業態にかかわらず自分たちの職場の問題解決を行う全社員(事務，営業，サービス，生産，技術を含むすべての方々) ・品質管理を学ぶ大学生・高専生・高校生
4 級	・初めて品質管理を学ぶ人 ・新入社員 ・社員外従業員 ・初めて品質管理を学ぶ大学生・高専生・高校生

2. 4 級を認定する知識と能力レベル

4 級を目指す方々に求められる知識と能力は，組織で仕事をするにあたって，品質管理の基本を含めて企業活動の基本常識を理解しており，企業等で行われている改善活動も言葉としては理解できるレベルです.

社会人として最低限知っておいてほしい仕事の進め方や品質管理に関する用語の知識は有しているというレベルです.

3. 4 級の試験の実施概要

品質管理，管理，改善，工程，検査，標準・標準化，データ，QC 七つ道具，企業活動の基本など，企業活動の基本常識に関する理解度の確認.

詳細は品質管理検定レベル表(Ver. 20150130.1)をご確認ください.

4 級に限って，“品質管理検定(QC 検定)4 級の手引き”から出題されます.

4. 4 級の合格基準

・総合得点概ね 70%以上.

なお，新レベル表(Ver.20150130.1)および品質管理検定の詳細は日本規格協会ホームページ“QC 検定”をご参照ください.

目　次

問題編

第1章　品質管理

問題1.1

品質に関する次の文章において，正しいものに○，正しくないものに×を選び，マークせよ．

① 新しいスマートフォンを購入したユーザのほとんどが，「このスマートフォンは，使いやすく，画質がよいので満足している」と言っている．この製品は品質がよいといえる． (1)

② あるユーザがスマートフォンを購入したが，「このスマートフォンは，音楽がたくさん入るし，写真の画質もよい．しかし，電池が早くなくなるので困る」といっている．この製品は品質がよいといえる． (2)

③ あるユーザがスマートフォンを購入したが，「性能はよく満足している．しかし，故障をしたときに修理に時間がかかり，しかも修理店が遠く不便だった」と言っている．この製品は品質がよいといえる． (3)

④ ある顧客が，新製品のスマートフォンを購入しようとしてショップに行った．性能もデザインも申し分なく，すぐに購入しようとしたが，他社製品よりも高く，予算より 20 % も高かった．この製品の品質はよいといえる． (4)

⑤ あるユーザがスマートフォンを購入してから 3 年の間，特に問題なく使えていた．この製品の品質は普通といえる． (5)

問題1.2

マーケットインに関する次の文章において，マーケットインの考え方に合うものは(ア)，そうでないものは(イ)に分類し，その記号をマークせよ．

① コールセンターにおける家電のクレームで，顧客の要領を得ない説明に，「取扱説明書はお読みになりましたか？」と担当者が尋ねた． (1)

② 機械メーカーの営業のところに，顧客から3度目の納期変更の依頼が来た．顧客も困っているのだろうけれど，自社の生産現場も混乱するので，理由を説明して「今回限りでお願いします」と言って，納期変更の手配をした． (2)

③ 老舗の旅館において，接客中の仲居さんが今日は顧客夫婦の結婚記念日であることを知った．夕食の際に，旅館からのプレゼントとして備前焼の夫婦茶碗を提供した． (3)

④ 市場クレーム担当者のところに，同時に2件のクレームが舞い込んだ，取引額の大きいお客さんを優先して処理したために，もう1件の対応が遅れてしまった． (4)

⑤ 家電売り場で，売り場担当の店員に，顧客がパソコンを購入するとき「30%値引きしたら買う」と言われたのですぐ，「できません」と断った． (5)

問題1.3

品質管理に関する次の文章において，正しいものに○，正しくないものに×を選び，マークせよ．

① 品質管理では，顧客や社会のニーズを満たすことが重要であるので，いつも低価格の商品を供給することを目指すべきである． (1)

② 手間をかけるとよい品質の製品ができるので，効率より品質を優先すべきである． (2)

③ 新製品を開発するときに，現状の顧客だけでなく，見込み客も想定して市場を設定すべきである． (3)

④ 発売時点で市場での不良品をゼロにすることがむずかしい場合は，市場で顧客に使ってもらいながら不良品をゼロにしてもよい． (4)

⑤ 製品のコールセンターを設置したが，話し中が多く，電話の操作も煩雑で，途中であきらめる顧客が多いのは仕方がないことである． (5)

問題1.4

次の文章において，[　　　]内に入るもっとも適切なものを下欄の選択肢からひとつ選び，その記号をマークせよ．ただし，各選択肢を複数回用いることはない．

① 顧客とは，製品・サービスを受け取る[(1)]をいい，製品を購入する人だけでなく，これから購入する人，流通プロセスを担当する人，[(2)]をも含む．

② 品質管理を全社で推進するには[(3)]を定めるが，その基本は，[(4)]という考え方である．

③ 職場のものづくりにおいては，品質と同時に，働く人の[(5)]を確保することが重要である．

【選択肢】

ア．市場または社会　イ．製品・サービス　ウ．組織または人
エ．継続的改善　オ．顧客と企業　カ．組織内部の人
キ．要望　ク．品質方針　ケ．品質優先
コ．現地情報　サ．安全

問題1.5

問題解決に関する次の文章において，正しいものに○，正しくないものに×を選び，マークせよ．

① 上司から，「この職場は不適合品数が多く，不適合品率も目標が未達成で，問題が多い」と言われた．目標値が高すぎるためなので，仕方ないと思っている．[(1)]

② 溶接工程のロボットがよく止まる．リセットすればすぐ動くので，しばら

く放置することとした．　(2)

③　ある機械の外板の塗装が剥離した．機械の機能にはまったく問題がないので，応急処置をして1週間後の定期点検時に補修をすることにした．

(3)

④　ある製品の不適合品の発生率は，現状5％である．これを3カ月以内に2％にしなければならない．この差の3％が問題であるといえる．　(4)

⑤　来期は，ある製品のコストを30％下げるという大きな目標が設定された．しかし，現状を分析すると，特定の部品の価格が高く，代替部品もないため改善は無理である．　(5)

問題1.6

次の文章において，［　　］内に入るもっとも適切なものを下欄の選択肢からひとつ選び，その記号をマークせよ．ただし，各選択肢を複数回用いることはない．

①　顧客が購入した製品に不備があって，メーカーに不満を伝えることを［(1)］という．さらに製品の取換えまでを請求されたとき，［(1)］が，［(2)］されたことになる．

②　ある家電製品のお客様相談のコールセンターでは，回線数が足りないせいか，必ず30分は待たされる．そのため，途中であきらめるユーザが多い．これは［(1)］が［(3)］された状態である．

③　組立メーカーからは，部品の取引先に不適合品を減らすこと，例えば［(4)］に対する要望，購入単価を下げるといった［(5)］に対する要望，納入期日を守るといった［(6)］に対する要望など，さまざまな要望が出されてくる．

【選択肢】

ア．品質　　イ．納期　　ウ．苦情　　エ．期待　　オ．顧客と企業

カ．不満　　キ．暗示　　ク．賞賛　　ケ．リコール　　コ．安全
サ．コスト　　シ．明示　　ス．環境

第2章　管理

問題2.1

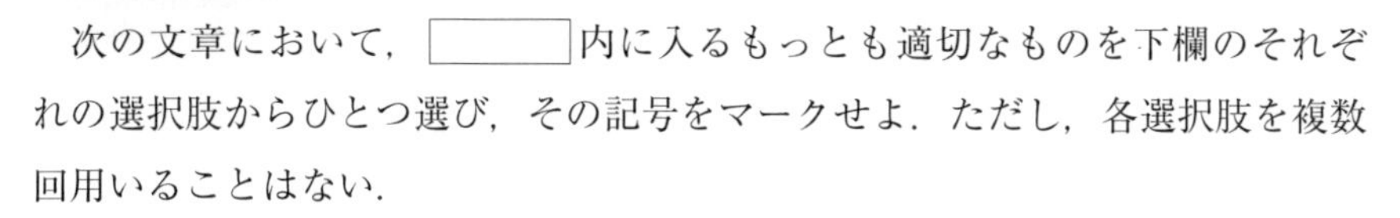

次の文章において，［　　　］内に入るもっとも適切なものを下欄のそれぞれの選択肢からひとつ選び，その記号をマークせよ．ただし，各選択肢を複数回用いることはない．

①　品質管理における管理活動には，［（1）］と［（2）］の両面が必要である．［（1）］とは，［（3）］などに従って作業することで，結果の［（4）］を許される範囲におさめることである．

［（2）］とは，品質をよくしたり，［（5）］を下げたりなど，お客様や［（6）］に喜んでもらえるような仕事のやり方にしていく活動である．

【［（1）］～［（6）］の選択肢】

ア．維持活動　　イ．作業標準　　ウ．ばらつき　　エ．出力

オ．改善活動　　カ．コスト　　キ．前工程　　ク．後工程

②　品質管理では，会社の経営目的を［（7）］に達成するために，社内の全員が仕事の質を高めていくことが重要である．

【選択肢】

ア．継続的　　イ．断続的　　ウ．結果的

問題2.2

次の文章が示す活動について，改善活動は（ア），維持活動は（イ）に分類し，その記号をマークせよ．

① 食品製造工程では，作業服に着替え，手指の消毒を行い，エアーシャワー(衣服についた微細なごみや毛髪をジェット風により吹き飛ばす装置)を浴びて入場する． (1)

② 工場の環境をよくするために，集塵機(細かいほこりを吸引する機械)を大型のものに取り換えることを検討している． (2)

③ 最近，遅刻が増えてしまったので，家を出る時刻を見直した． (3)

④ 工場の機械が故障することのないように，決められた時期に定期的に点検と修理を行う． (4)

⑤ 袋詰めのお菓子を製造販売しているが，製造段階で重量にばらつきがあり，お客様から内容量が不足していると苦情があった．そこで，従来のものよりばらつきを低減することを検討している． (5)

⑥ 袋詰めの飴を製造している．1袋に詰める飴の数にばらつきがないように，自動計数機で管理している． (6)

問題2.3

次の文章において，[　　]内に入るもっとも適切なものを下欄のそれぞれの選択肢からひとつ選び，その記号をマークせよ．ただし，各選択肢を複数回用いることはない．

① 目的を達成するための仕事の進め方の基本は，PDCA のサイクルを回すことである．

PDCA のサイクルとは，

P(プラン)：(1) を立てる．

D(ドゥ)：(1) に従って (2) する．

C(チェック)：(3) を点検，評価あるいは確認する．

A((4))：予想どおりの (3) であれば，(1) と (2) を継続し，予想と異なる (3) となったら，対策をとる．

からなる一連のサイクルのことである．

【　(1)　～　(4)　の選択肢】

ア．原因　　イ．目的　　ウ．実施　　エ．結果　　オ．計画

カ．維持　　キ．アクト　　ク．アクセス　　ケ．アカウント

② 過去の経験が十分にあり，技術が確立されている場合には，すでに明確になっているよい方法を　(5)　し，　(6)　のサイクルを回すことがある．すなわち，　(6)　のサイクルは維持活動における管理のサイクルといえる．

【　(5)　　(6)　の選択肢】

ア．対策　　イ．規格化　　ウ．標準化　　エ．PSCA　　オ．PDSA

カ．SDCA　　キ．PDCS

問題2.4

次の文章を読んで，設問の指示に従って答えよ．

［1］ サラリーマンのQさんはマラソンが趣味で，フルマラソンで4時間を切ることを目標に活動を行っている．以下の①～⑤の活動は，管理のサイクルのどのステップに該当するか，　　　内に入るもっとも適切なものを下欄のそれぞれの選択肢からひとつ選び，その記号をマークせよ．ただし，実際の活動の順序どおりには並んでいない．また，各選択肢を複数回用いてもよい．

① トレーニング計画に従って，毎週日曜日に20kmのコースを走った．
　(1)

② 今年の市民マラソン大会は，終盤にばててしまったので，来年春に行われる県民マラソン大会を目指し，スタミナを強化するため週末だけのトレーニングではなく，平日早朝のトレーニングを行うことにした．　(2)

③ 市民マラソン大会では，前半は1時間40分のペースであったが，折り返

し以降，急激にスピードが落ち，ゴールまでには4時間20分かかってしまった．これは前半の飛ばしすぎによるスタミナ切れが原因と考えた．

［(3)］

④　市民マラソン大会のフルマラソンの部に出場した．［(4)］

⑤　今年冬にある市民マラソン大会で，フルマラソンに出場し4時間を切ることを目標に，毎週末のトレーニング計画を立てた．［(5)］

【［(1)］～［(5)］の選択肢】

ア．P(プラン)　イ．D(ドゥ)　ウ．C(チェック)　エ．A(アクト)

[2] [1] の③において，「ゴールまでの時間」を［(6)］項目と呼び，結果の良し悪しを評価する基準となる．また，①，②，⑤のために，「1週間当たりの走行距離」をチェックすることにしたが，この「1週間当たりの走行距離」は［(7)］項目と呼ばれ，要因系の項目と考えられる．

【［(6)］［(7)］の選択肢】

ア．点検　イ．結果　ウ．要因　エ．管理

第3章　改善

問題3.1

品質管理を進めるときの改善活動に関する次の文章において，[　　　]内に入るもっとも適切なものを下欄の選択肢からひとつ選び，その記号をマークせよ．ただし，各選択肢を複数回用いることはない．

改善とは，[(1)]全体でまたはその部分を常に見直し，能力の[(2)]を図る活動をいう．改善は，[(3)]のグループまたは個人で行われ，[(4)]に推進される改善活動である．改善活動は，[(5)]での作業における[(6)]を発見し，[(6)]を解決してよい作業の状態を生み出す活動である．品質管理活動では，[(7)]の改善，原価の改善，納期の改善などが継続して行われる．

また，改善活動の実施では，より結果への影響が大きい問題に高い優先順位を与え，順位の高いものから取り組んでいく方が効率的だといえる．このような考え方を[(8)]という．

【選択肢】

ア．反省	イ．全員参加	ウ．継続的	エ．品質
オ．問題	カ．改善	キ．差	ク．向上
ケ．理想	コ．現状	サ．維持	シ．経営システム
ス．少人数	セ．情報システム	ソ．重点指向	

問題3.2

QC ストーリーに関する次の文章において，[　　　]内に入るもっとも適切なものを下欄の選択肢からひとつ選び，その記号をマークせよ．ただし，各選択肢を複数回用いることはない．

QC ストーリーとは，改善活動においてより効果的かつ［ (1) ］的に問題を解決するためにその手順を標準化したもので，［ (2) ］を他の人にわかりやすく説明するためにも有効である．これらの各ステップは，［ (3) ］を進めていくための代表的な手順として広く活用されている．QC ストーリーは以下の 8 の手順で構成される．

手順 1．テーマの選定とその背景
手順 2．［ (4) ］の把握(悪さ加減の把握)と［ (5) ］の設定
手順 3．［ (6) ］の解析(因果関係の把握)
手順 4．［ (7) ］の検討・立案
手順 5．［ (7) ］の実施・フォロー
手順 6．［ (8) ］の確認
手順 7．［ (9) ］と管理の定着(歯止め)
手順 8．［ (10) ］と今後の対応

【選択肢】

ア．問題点	イ．現状	ウ．重点	エ．改善事例
オ．要因	カ．QC 七つ道具	キ．効率	ク．反省
ケ．効果	コ．問題解決	サ．組織	シ．対策
ス．目標	セ．グループ	ソ．標準化	

問題3.3

私たちの日常生活や仕事において多くの 3 ム(ムリ，ムラ，ムダ)が存在している．3 ムに関する次の文章において，［　　］内に入るもっとも適切なものを下欄の選択肢からひとつ選び，その記号をマークせよ．ただし，各選択肢を複数回用いてよい．

① [(1)]：作業者の能力を超えた仕事を要求している．
② [(2)]：作業の結果として，品質レベルが不安定な結果となっている．
③ [(3)]：休憩時間中でも，職場内の照明をつけっぱなしにしている．
④ [(4)]：毎朝，歯を磨いているときにも，水道水を出しっぱなしにしている．
⑤ [(5)]：病気で体調が悪いときでも，出勤しようとしている．
⑥ [(6)]：スーパーでの買い物で，ついつい不必要なものを買ってしまう．
⑦ [(7)]：品質管理の参考書を毎日10ページ読む計画を立てたが，読んだり，読まなかったりとなっている．

【選択肢】
ア．ムリ　　イ．ムラ　　ウ．ムダ

問題3.4

小集団改善活動（QCサークル活動）に関する次の文章において，[ ]内に入るもっとも適切なものを下欄の選択肢からひとつ選び，その記号をマークせよ．ただし，各選択肢を複数回用いることはない．

① 小集団改善活動（QCサークル活動）とは，[(1)]の職場で働く人々が，継続的に製品・サービス・仕事などの質の[(2)]を行う小グループ活動である．この小グループは，職場における問題を[(3)]的に改善し，品質管理の考え方や手法などを活用し，[(4)]を達成するための貢献を通じて，グループメンバーの[(5)]を目指すものである．
② また，QCサークル活動の基本理念は，
　人間の能力を発揮し，[(6)]の可能性を引き出す．
　人間性を尊重して，[(7)]のある明るい職場を作る．
　企業の体質改善・発展に[(8)]する．

であり，人間本来の働く喜びを追求するものである．

【選択肢】

ア．寄与　イ．他人　ウ．改善　エ．無限　オ．生きがい
カ．企業目的　キ．自主　ク．職場　ケ．第一線　コ．重要性
サ．能力向上　シ．基本

第4章　工程(プロセス)

問題4.1

生産工程における工程に関する次の文章において，[　　　]内に入るもっとも適切なものを下欄の選択肢からひとつ選び，その記号をマークせよ．ただし，各選択肢を複数回用いることはない．

製品は，最初から製品の形をしているのではなく，いくつもの段階を経て製品となる．これらの段階を品質管理では「[(1)](またはプロセス)」と呼ぶ．[(1)]は，加工や[(2)]などの生産工程だけでなく，製品やサービスの[(3)]，設計，検査，原材料や必要な設備の確保など，すべての段階を意味する．

品質管理では，「品質は[(1)]で作り込む」という考え方を大切にしている．部品や[(4)]のできばえを[(5)]で確認することも大切であるが，それより，工程でしっかりと仕事を行って[(6)]が出ないようにするほうが，品質，原価，生産量・納期のいずれにおいてもはるかに効果的である．この考え方は，後工程に迷惑をかけないように心がけること，すなわち，「後工程は[(7)]」という考え方の大切さも強調している．

【選択肢】

ア．製品　イ．対策　ウ．検査　エ．組立　オ．お客様　カ．企画
キ．QC　ク．工程　ケ．在庫　コ．不適合品

問題4.2

次の文章において，[　　　]内に入るもっとも適切なものを下欄の選択肢からひとつ選び，その記号をマークせよ．ただし，各選択肢を複数回用いることはない．

同じ生産工程で作られた製品でも，その品質特性(重さ，長さ，硬さ，耐久性など)は同じ結果とはならない．その原因は，生産工程で起こる作業者の [(1)]，機械・設備の [(2)]，材料の [(3)]，作業方法の [(4)]，試験や測定における [(5)] などによるばらつきが影響しているためである．人(Man)，機械・設備(Machine)，原材料(Material)，[(6)] をばらつきを生じさせる工程の4要素というが，さらに [(7)] を加えて，工程の5要素といい，英語の頭文字をとって生産の [(8)] という．よい品質の製品を作るためには，この [(8)] をしっかり管理する必要がある．

【選択肢】

ア．不徹底(不順守)　イ．変動(変化)　ウ．5M　エ．調整(調子)

オ．生産　カ．工程　キ．能力(力量)

ク．方法(Method)　ケ．計測(Measurement)　コ．寿命

サ．誤差

問題4.3

生産工程では，日々変化が起こっている．これらの変化(ばらつき)には異常原因による工程の変化(異常なばらつき)と偶然原因による工程の変化(偶然の結果として起こるばらつき)が存在している．次の文章において，[ ] 内に入るもっとも適切なものを下欄の選択肢からひとつ選び，その記号をマークせよ．ただし，各選択肢を複数回用いてよい．

① [(1)]：今日は体調が悪く微熱があったが，普段どおりの作業を行った結果，不適合品が発生した．

② [(2)]：毎日決められた標準どおりの作業を行っているが，製品のできばえは微妙にばらついている．

③ [(3)]：週1回設備点検するというルールを，2週間に1回の設備点検に変更した，その結果，製品寸法の大きなばらつきが発生した．

④　[（4）]：いつもどおりの仕入れ先からの材料を使用しているので，製品収量の変動は少ない.

⑤　[（5）]：普段はベテランの作業者が担当している作業をある日は新人が担当した結果，手直し率が大幅に増加した.

⑥　[（6）]：仕入れ単価が安い材料メーカーへ今月から変更した結果，製品の不適合品数が先月の 10 倍になった.

⑦　[（7）]：材料，設備，作業方法，作業者などの変更がないのに，製品重量はわずかな変動を示している.

【選択肢】

ア．異常原因による工程の変化　　イ．偶然原因による工程の変化

第5章　検査

問題5.1

次の文章において，[　　　]内に入るもっとも適切なものを下欄の選択肢からひとつ選び，その記号をマークせよ．ただし，各選択肢を複数回用いることはない．

① ある部品の塗装工程では，目視により[(1)]し，きずが一定の大きさ以上と[(2)]されると手直し工程に回される．

② あるボルトは，強度を引張試験機で[(3)]し，規格で示された引張強度以上の値を示すと[(4)]と判定する．

③ ある特殊金属加工品の検査工程では，すきま(寸法)の良否を測定しているが，すきまは狭いのでノギス(100分の5ミリ単位まで，長さを測る測定器)では測定できない．そこで，すきまゲージ(リーフと呼ばれる薄い金属板をすきまに挿入し，そのすきまの寸法を測るための工具)によって[(5)]を判定している．

【選択肢】

ア．ロット　イ．判定　ウ．直接検査　エ．合格

オ．サンプル　カ．測定　キ．適合・不適合　ク．観察　ケ．適合品

問題5.2

次の文章において，正しいものに○，正しくないものに×を選び，マークせよ．

① ある家電工場の検査工程で，合格となった製品を出荷したが，お客様から液晶表示文字が見えにくいというご不満により返品されてきた．この製品は

不適合品であるといえる.　(1)

② ある製品の組立工程では,「きずのないこと」が要求事項である. 今回, 小さなきずが見つかったが, 後工程で補修ができると判断し, 適合品とした.　(2)

③ ある部品の検査工程では, 小さなきずは3個まで許容されている. 今日は, 社長の現場診断があるので, 厳しめに検査し, きずが1個でも不適合品とした.　(3)

④ ある果物を1級品, 2級品に選別していたところ, 大きさ不足のため1級品とは認定できず, 2級品とした. このやり方は適合である.　(4)

問題5.3

ロットの合格, 不合格に関する次の文章において, 正しいものに○, そうでないものに×をマークせよ.

ある職場では, 部品のロットの抜取検査を行っている. ロットからランダムにサンプルを500個抜き取って試験を行い, サンプル中の不適合数が2個以下ならロットを合格とするという判定基準である.

① ある日の抜取検査において, 250個のサンプルを検査したところで検査機が故障した. それまで不適合品は0個であったのでロットを合格とした.　(1)

② ある日の抜取検査において, 交代の検査員が勘違いしてサンプルを1000個抜き取った. サンプル中の不適合品が2個であったので, このロットを合格と判定した. この検査結果は有効である.　(2)

③ ある日, 検査員が急病で休んだので, 資格のない作業員が交代して検査した.　(3)

④ ある日の検査合格ロットに対して, 客先からのクレームが発生した. 検査結果を調べなおしたところ, 検査の記録に記入間違いが見つかり, 不適合品

が3個発生していた．1カ月前の検査結果なので記録はそのままにした．

(4)

⑤　サンプル500個を検査しようとしたところ，50個明らかに種類の違う部品が混入していた．この部品を検査から外し，箱詰めされた部品の最上段にあった50個を追加採取し検査した．

(5)

問題5.4

検査に関する次の文章において，［　　］内に入るもっとも適切なものを下欄の選択肢からひとつ選び，その記号をマークせよ．ただし，各選択肢を複数回用いることはない．

①　ある組立工場で，部品が納入されたとき，不適合品が混入されていないかどうかを判定するために，［(1)］を行う．工程が進むにつれて，部品を工場内で検査することがある．これを［(2)］という．

②　最終工程では［(3)］を行い，製品としての完成度を判定する．特に，市場に出す際に実施する検査を［(4)］という．

③　製品の外観検査では塗装面の色合いを，訓練を受けた検査員が限度見本と比較して合否を判定している．このような検査を［(5)］という．

【選択肢】

ア．全数検査　　イ．抜取検査　　ウ．最終検査　　エ．不適合品
オ．工程内検査　カ．不良品　　　キ．官能検査　　ク．受入検査
ケ．出荷検査

第6章　標準・標準化

問題6.1

次の文章において，［　　　］内に入るもっとも適切なものを下欄の選択肢からひとつ選び，その記号をマークせよ．ただし，各選択肢を複数回用いることはない．

Dさんの経営している喫茶店では，軽食メニューのソース焼きそばが大人気である．注文を受けた場合，手の空いている従業員の誰もが作れるようになると，従業員全体の作業［(1)］が上がり，従業員間の労働の負担が［(2)］になることが期待できる．

しかし，各従業員が作ることになると，1玉の麺を炒めるために使うバターの量，混ぜるキャベツや豚肉の量，味付けするソースの量などが，従業員によって異なり，ソース焼きそばの味や量に［(3)］が生じる可能性がある．そこで，ソース焼きそば調理の［(4)］を行った．そのために作成した［(5)］には，使用する［(6)］の種類と量，調理の［(7)］について記載した．

【選択肢】

ア．材料　イ．収入　ウ．効率　エ．公平　オ．手順
カ．標準　キ．ばらつき　ク．平均　ケ．標準化

問題6.2

次の文章に対応する標準の分類としてもっとも適切なものを，下欄の選択肢からひとつ選び，その記号をマークせよ．ただし，各選択肢を複数回用いることはない．

①　製造作業における作業条件，作業方法，管理方法，使用材料，使用設備そ

の他の注意事項などについて定められている. (1)

② 生産に使用する材料，部品，製品について，購買，製造，検査，管理などの仕事のやり方について定めた標準で，会社内で適用される. (2)

③ 製品などの基本構造を決めたもので，部品，設計，製図，材料部品などについて設定される. (3)

④ 材料・製品・工具・設備などに要求される形状・構造・寸法・成分・能力・精度・性能・製造方法・試験方法などが定められている. (4)

⑤ 組織や業務の内容・手順・手続き・方法に関する事項について定められている. (5)

【選択肢】

ア．設計書　イ．技術仕様書　ウ．規格　エ．業務規定

オ．作業標準　カ．社内標準　キ．地域標準

問題6.3

標準化を行う場合の目標として，下欄の選択肢のような目標を掲げるとよいとされている．次の文章は，どの目標にあてはまる内容か，もっとも適切なものを下欄の選択肢からひとつ選び，その記号をマークせよ．ただし，各選択肢を複数回用いることはない．

① 医薬品の錠剤は，密閉容器が用いられ，湿気が錠剤の品質に影響を与える場合は，防湿性の包装が施されている. (1)

② ウレタン樹脂系建材用接着剤の剥離強度の下限は 1.0kN/m である. (2)

③ 電気自動車や低燃費の乗用車により，化石燃料の使用を抑制する. (3)

④ テレビのリモートコントロールの電池は，型式が同じであれば，どのメーカー製の電池でも使用できる. (4)

⑤　あらゆるサイズのセーターを製造・販売するのでなく，日本人男性の平均的な体型を分類し，その分類に対応したサイズのセーターを製造・販売する． (5)

⑥　赤外線制御のテレビとブルーレイレコーダーで，同時にそれぞれに付属したリモートコントローラーの操作をしても，混線しない． (6)

⑦　幼児を2人まで同乗させることのできる自転車には，十分な制動性能を有していること，急制動時に旋回しないことなどが要求される． (7)

【選択肢】

ア．目的適合性　イ．両立性　ウ．互換性　エ．多様性の制御
オ．安全　カ．環境保護　キ．製品保護

問題6.4

次の文章において，[　　] 内に入るもっとも適切なものを下欄の選択肢からひとつ選び，その記号をマークせよ．ただし，各選択肢を複数回用いることはない．

①　標準化に関して一般に認められた活動を行う団体を (1) 団体という． (1) 団体であって，公開する規格の作成，承認または採択を行うことを主な機能とするものを (2) 団体という．

②　対応する国際規格組織および地域規格組織における国を代表する会員となる資格があると (3) 的段階で認められた規格団体を (3) 規格団体といい，この規格団体によって，採択され，公開されている規格を (3) 規格という．この団体の例には， (4) がある．

③　ある一つの地理上政治上または経済上の範囲内の国々の，国家を代表する標準化に直接関係する団体だけが，その会員資格をもつことができる規格組織を (5) 規格組織といい，この規格組織によって，採択され，公開されている規格を (5) 規格という．この組織の例には， (6) がある．

④　すべての国々の国家を代表する標準化に直接関係する団体が，その会員資格を持つことができる規格組織を［(7)］規格組織といい，この規格組織によって，採択され，公開されている規格を［(7)］規格という．この組織の例には，［(8)］がある．

【選択肢】

ア．標準　イ．規格　ウ．標準化　エ．規格化　オ．国際
カ．国家　キ．地域　ク．地区　ケ．日本産業標準調査会
コ．日本規格協会　サ．欧州標準化委員会　シ．国際標準化機構
ス．国際規格化連合

第7章　事実に基づく判断

問題7.1

H食品株式会社では，家庭用の箱入りカレールウを製造している．製造工程の概略を**図 7.1** に示す．

カレールウの製造工程においては各種のデータがある．次のデータについて，［　　］内に入るもっとも適切なものを下欄の選択肢からひとつ選び，その記号をマークせよ．ただし，各選択肢を複数回用いてもよい．

［原料(小麦粉，油脂，カレー粉など)，下準備］→［煮込み(蒸気釜)，冷却］→［充填(型に流し込み)，冷却］→［包装］→［搬送，出荷］

図 7.1　カレールウの製造工程

① 煮込みの際の蒸気釜の温度(単位：℃)　［(1)］
② 煮込みの時間(単位：分)　［(2)］
③ カレールウ 1 箱の重量(単位：g)　［(3)］
④ 原料 100kg 中の油脂重量(kg)の含有率(単位：%)　［(4)］
⑤ 検査のために抜き取った箱入りカレールウの個数(単位：個)　［(5)］
⑥ 箱入りカレールウ 1,200 箱の不適合品率(単位：%)　［(6)］
⑦ 製造ラインの 1 カ月当たりの休止時間(単位：時間)　［(7)］
⑧ 製造ラインの 1 カ月当たりの休止回数(単位：回)　［(8)］

【選択肢】

ア．計量値　　イ．計数値　　ウ．どちらでもない

問題7.2

サンプルの取り方に関する次の文章や図において，□内に入るもっとも適切なものを下欄のそれぞれの選択肢からひとつ選び，その記号をマークせよ．ただし，各選択肢を複数回用いることはない．

① 品質管理においては，[(1)]に基づく判断が何より重要である．[(1)]はデータとして正しく把握して客観的な判断を下すことが大切である．取られたデータには，常に[(2)]が含まれていると考えられる．

【[(1)][(2)]の選択肢】

ア．勘　イ．推測　ウ．技術　エ．事実　オ．ばらつき
カ．かたより

② **図7.2**は母集団，サンプル，データの関係を示している．

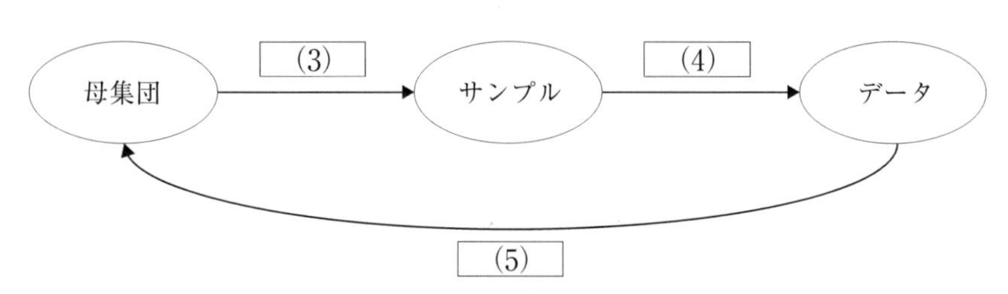

図7.2　母集団，サンプル，データの関係

【[(3)]～[(5)]の選択肢】

ア．測定　イ．確認　ウ．推測・判定　エ．計画　オ．実施
カ．サンプリング

③ サンプルは，母集団の姿を正しく代表するものでなくてはならない．このためには，[(6)]サンプルに含まれるようにする必要がある．

【 (6) の選択肢】

ア．母集団の構成要素が，いずれも等しい確率で

イ．母集団の中心に近いと思われる構成要素をできるだけ多く

問題7.3

サンプルの取り方に関する次の文章において，それぞれの母集団から正しくランダムにサンプリングされているかを判定し，正しいものには○，正しくないものには×を選び，マークせよ．

① K市の市長選挙に関する世論調査のために，市内の有権者1,248,335人を対象にアンケート調査を行った．調査は，市役所のあるN区の有権者198,780人から，1,000人の有権者を無作為に選んだ． (1)

② 1箱120本入りのびん詰め飲料100箱から，最後に箱詰めされた1箱の120本すべてのびんを採取した． (2)

③ タンクに入った液状薬品2,000 ℓから，十分に攪拌しながらタンク内の薬品の成分が均一になったのちに100 mℓをカップで採取した． (3)

④ トレーラーで運搬された鉱石10 tから，トレーラー上で鉱石の上層部から2 kgをスコップで採取した． (4)

⑤ 8時から16時の間，コンベア上を流れてくるパック詰め食品から，8時と16時に各3パックずつ合計6パックを採取した． (5)

問題7.4

次の文章において， 内に入るもっとも適切なものを下欄のそれぞれの選択肢からひとつ選び，その記号をマークせよ．ただし，各選択肢を複数回用いることはない．

A工場では，従業員の健康調査の一環として睡眠時間の調査を行うことに

なった．従業員は工場全体で3,525人と多いため，今回の調査は，無作為に抽出した20人の従業員から聞き取り調査を行った．

① この調査における母集団は［　(1)　］であり，その大きさは［　(2)　］である．
② この調査のサンプルの大きさは［　(3)　］である．

【［　(1)　］～［　(3)　］の選択肢】
ア．A工場の従業員全員　　イ．聞き取り調査した従業員
ウ．会社全体の従業員　　エ．20人　　オ．3,525人　　カ．無限大

調査の結果，20人の1日当たりの睡眠時間(分／日)の合計は8,460分であった．また最も長い人の睡眠時間は520分，最も短い人の睡眠時間は310分であった．

③ 20人の平均睡眠時間は［　(4)　］である．
④ 20人の睡眠時間の範囲は［　(5)　］である．

【［　(4)　］［　(5)　］の選択肢】
ア．97分　　イ．113分　　ウ．210分　　エ．415.0分　　オ．423.0分

問題7.5

次の文章において，［　　　］内に入るもっとも適切なものを下欄の選択肢からひとつ選び，その記号をマークせよ．ただし，各選択肢を複数回用いてもよい．

Kさんと W さんはともに陸上部の選手である．駅伝の練習のため，10㎞のコースを一緒に6日間走った．それぞれの記録を**表7.1**に示す．ただし，記録は簡単のため分単位に丸めてある．

表 7.1　10 km 走の記録（単位：分）

	1 日目	2 日目	3 日目	4 日目	5 日目	6 日目
K さん	32	33	35	42	37	43
W さん	38	39	39	40	38	40

① 平均値が小さいのは［ (1) ］さんで，その値は［ (2) ］分である．

② 範囲が小さいのは［ (3) ］さんで，その値は［ (4) ］分である．

【選択肢】

ア．K　イ．W　ウ．2　エ．4　オ．10　カ．11　キ．37.0

ク．38.0　ケ．39.0

問題7.6

次の文章において，［　　］内に入るもっとも適切なものを下欄のそれぞれの選択肢からひとつ選び，その記号をマークせよ．ただし，各選択肢を複数回用いることはない．

B さんの会社はラーメン屋をチェーン展開している．今月末の 1 週間の間，D 市内の 7 店舗で 10％ 値引きのキャンペーンを行った．各店舗の売上高を集計し，**表 7.2** にまとめた．また，これらのデータから**図 7.3** のようなグラフを作成した．

集計およびグラフの作成後，**表 7.2** の 4 号店の売上高の部分が汚れて見えなくなってしまった．

表 7.2　各店舗の 1 週間の売上高(単位：万円)

	1 号店	2 号店	3 号店	4 号店	5 号店	6 号店	7 号店	合計
売上高	206	312	185		301	198	237	1,717

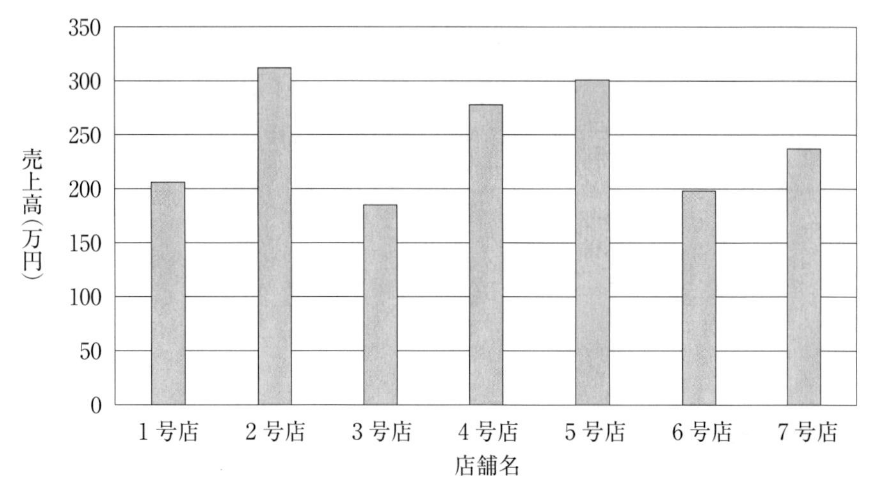

図 7.3　各店舗の 1 週間の売上高

①　1 号店から 7 号店の平均売上高は［ (1) ］.

【［ (1) ］の選択肢】

ア．240.0 万円である　　イ．239.8 万円である　　ウ．245.3 万円である

エ．求められない

②　1 号店から 7 号店の売上高の範囲は［ (2) ］.

【［ (2) ］の選択肢】

ア．31 万円である　　イ．114 万円である　　ウ．127 万円である

エ．求められない

③　**図 7.3** のグラフは［　(3)　］と呼ばれ，［　(4)　］ときに用いられる．

【［　(3)　］の選択肢】

ア．レーダーチャート　　イ．棒グラフ　　ウ．折れ線グラフ

エ．帯グラフ

【［　(4)　］の選択肢】

ア．数量の大きさを比較する　　イ．数量の時間的な変化を表す

ウ．内訳の割合を見る　　エ．複数の評価項目の大きさを表す

第8章　データの活用と見方

問題8.1

表 8.1 は，QC 七つ道具の名称と特徴をまとめたものである．それぞれの名称と特徴について，［　　］内に入るもっとも適切なものを下欄の選択肢からひとつ選び，その記号をマークせよ．ただし，各選択肢を複数回用いることはない．

表 8.1　QC 七つ道具の名称と特徴

	名称	特徴
1	パレート図	(1)
2	特性要因図	(2)
3	チェックシート	(3)
4	ヒストグラム	(4)
5	散布図	(5)
6	グラフ／管理図	(6)
7	層別	(7)

【選択肢】

ア．製品や部品などが図示されて，不適合の箇所や欠点の場所，作業記録などが簡単にマークできるように工夫されたシート．

イ．データの大きさや変化を一目でわかるようにした図，および工程異常の検出が目的で管理限界線を示した図．

ウ．項目別に層別して，出現頻度の大きさの順に並べるともに，累積和を示した図．

エ．対になった2つのデータ x と y において，x を横軸に，y を縦軸にとり，プロットした図．

オ．特性と要因の関係を魚の骨に摸して，系統的に示した図．

カ．データの値をいくつかの区間に分け，区間ごとに集計し，各区間と各区間に入る度数の関係を示した図．

キ．母集団をいくつかの層に分割すること．

問題8.2

層別に関する次の文章で正しいものに○，正しくないものに×を選び，マークせよ．

① コンビニ用の保冷器を製造している．最近，増産にともない，初期不良が多く，ラインによって発生頻度が違うのではないかと考えられたので，1年間に生産した保冷器全部のデータをライン別に区分し，考察した．　(1)

② 組立部品において，手直し品の発生が多く，作業者の経験年数によって違うのではないかと考えられたので，ここ1カ月で生産した組立部品全部を作業者の経験年数ごとに区分し，考察した．　(2)

③ 複数の窯で同じタイプの煉瓦を製造しており，外観品質が重要特性であるので，あらかじめ決められたカテゴリーとして，1級品，2級品，3級品で区分した．　(3)

④ 宅配便では，最近，時間帯配達の遅配が発生しているので，従業員の時間帯別の配置に問題があるのではないかと考えられた．そこで，1カ月間のすべての荷物を時間帯別に区分し，遅配状況を考察することとした．　(4)

⑤ 経年による液晶の輝度を調査するために，8,000時間経過したさまざまなタイプの液晶画面を輝度状況に応じて，高輝度，中輝度，低輝度に区分した．　(5)

第8章

問題8.3

異常値に関する次の文章において，［　　］内に入るもっとも適切なものを下欄の選択肢からひとつ選び，その記号をマークせよ．ただし，各選択肢を複数回用いることはない.

① 離れ小島があると判断できるヒストグラムは，**図 8.1** の [(1)] である.

② 全数選別を行い，下側規格を外れた不良品を取り除いたり，手直しをしたのでないかと推測されるヒストグラムは，**図 8.1** の [(2)] である.

③ 作業者の異なる結果が混合しているなど，中心の離れた2つの分布が一緒に混ざった場合などによく現れるヒストグラムは，**図 8.1** の [(3)] である.

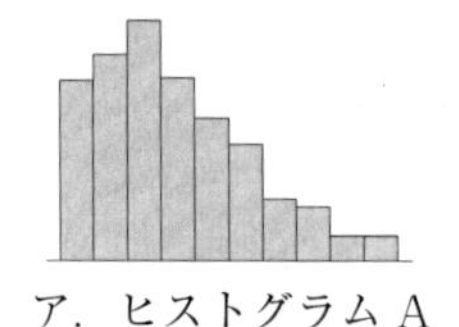

ア．ヒストグラム A

イ．ヒストグラム B

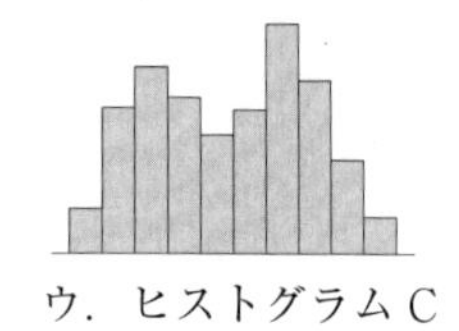

ウ．ヒストグラム C

図 8.1　ヒストグラムの形状

④ 異常値とは，観測値の集合のうち， [(4)] 母集団からのものまたは，計測の過ちの結果である可能性を示す程度に，他と著しくかけ離れた [(5)] である．なお， [(6)] は異常値と同じ意味である.

【選択肢】

ア．ヒストグラム A　　イ．ヒストグラム B　　ウ．ヒストグラム C
エ．変化点　　オ．予測値　　カ．異なった
キ．観測値　　ク．外れ値　　ケ．同じ

問題8.4

次の文章において， [　] 内に入るもっとも適切なものを下欄の選択肢からひとつ選び，その記号をマークせよ．ただし，各選択肢を複数回用いることはない.

A 社では，電子機器で使われている材料を B 社に納品している．この材料

が，温度によって強度が変化するのではないかと調査の依頼があり，温度と強度の関係を調べるため，**図 8.2** を作成した．

① このような図を［(1)］という．
② 温度が高くなると，強度は，［(2)］．
③ 温度が低くなると，強度は，［(3)］．
④ 温度と強度の間には，［(4)］の相関関係がある．
⑤ 温度と強度の間には，［(5)］な関係がある．
⑥ ［(6)］はなさそうである．［(6)］があれば，原因の追究が必要である．

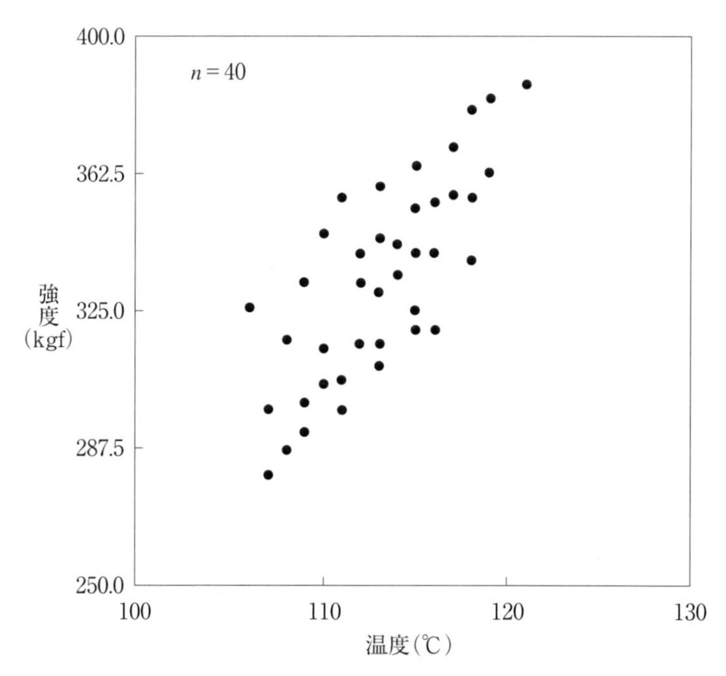

図 8.2　温度と強度の図

【選択肢】

ア．低くなる　イ．直線的　ウ．正常値　エ．負　オ．管理図
カ．異常値　キ．高くなる　ク．曲線的　ケ．正　コ．散布図

問題8.5

次の文章において，[　　]内に入るもっとも適切なものを下欄の選択肢からひとつ選び，その記号をマークせよ．ただし，各選択肢を複数回用いることはない．

A 社では，菓子パンを製造している．最近，菓子パンの重量がばらついているとの報告がライン担当者からあった．そこで，製造ラインから 1 日当たり 3 個の菓子パンをサンプリングし，その重量を量り，**図 8.3** を作成した．

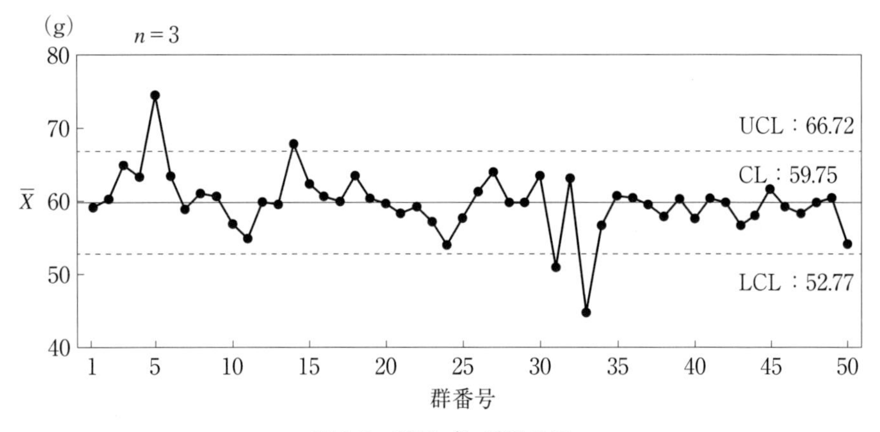

図 8.3　菓子パン重量の図

① このような図を[(1)]と呼ぶ．

② また，図に引かれた 3 本の横線(UCL，CL，LCL)を[(2)]と呼ぶ．

③ **図 8.3** から以下のことがわかる．

・打点が UCL，LCL から[(3)]点飛び出ている．

・群番号 35 から，打点が[(4)]に集まる傾向が現れている．

・以上のことから，この工程は[(5)]であると判断される．

【選択肢】

ア．正常　イ．規格線　ウ．1　エ．管理線　オ．4
カ．中心　キ．異常　ク．上側　ケ．下側　コ．5
サ．下降　シ．上昇　ス．管理図

問題8.6

次の文章において，［　　］内に入るもっとも適切なものを下欄の選択肢からひとつ選び，その記号をマークせよ．ただし，各選択肢を複数回用いることはない．

A社では，自動車用部品を製造している．最近，部品Hにおいて工程不良が多発しているので，2カ月間，不適合品数を現象別に層別し，**図8.4**を作成した．

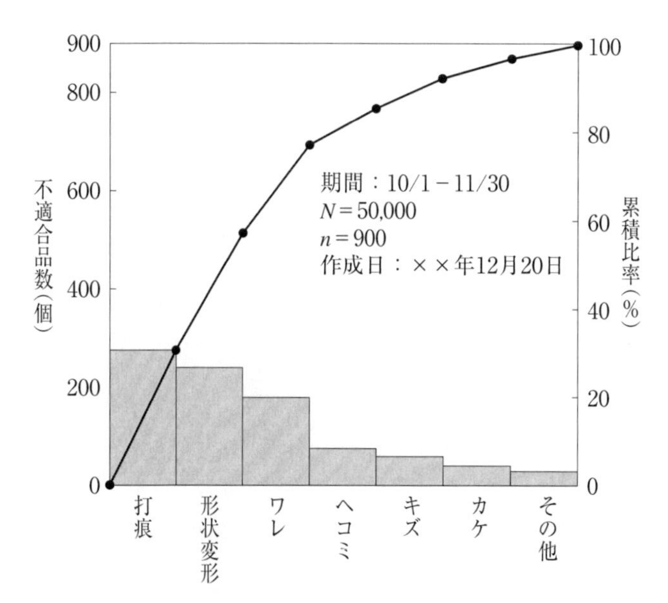

図8.4　自動車部品Hの現象別不適合品数の図

① このような図を［ (1) ］と呼ぶ．この［ (1) ］は，不適合件数または損失金額が［ (2) ］項目に絞って改善する．これは，［ (3) ］するためである．

② この図は，棒グラフと［ (4) ］で構成されている．

③ 上位［ (5) ］項目で，約 80％ 近くあるので，これらに絞り，改善を行う．

【選択肢】

ア．重点指向　　イ．折れ線グラフ　　ウ．1　　エ．帯グラフ
オ．3　　カ．少ない　　キ．顧客指向
ク．パレート図　　ケ．チェックシート　　コ．多い

問題8.7

チェックシートに関する次の文章において，［　　］内に入るもっとも適切なものを下欄の選択肢からひとつ選び，その記号をマークせよ．ただし，各選択肢を複数回用いることはない．

① チェックシートは，「データが簡単にとれ，しかもそのデータが整理しやすいように，あらかじめ［ (1) ］してあるシート(様式)のこと」である．

② チェックシートは，大きく分けると，［ (2) ］と点検・確認用がある．

③ チェックシートは，数値やマークなどの記号で，［ (3) ］に記録できるように工夫する必要がある．

【選択肢】

ア．統合　　イ．点検・確認用　　ウ．記録・調査用　　エ．設計
オ．複雑　　カ．簡単

問題8.8

特性要因図に関する次の文章において，［　　］内に入るもっとも適切なものを下欄の選択肢からひとつ選び，その記号をマークせよ．ただし，各選択肢を複数回用いることはない．

① 特性要因図は，「いま問題としている［(1)］(結果)とそれに影響を及ぼしていると思われる［(2)］(原因)との関連を整理して，魚の骨のような図に［(3)］にまとめたもの」である．
② 特性要因図は，大骨，中骨，［(4)］と魚の骨に模して展開・記載する．

【選択肢】
ア．要因　イ．因果　ウ．特性　エ．真因　オ．孫骨　カ．小骨
キ．系統的

問題8.9

ヒストグラムに関する次の文章において，［　　］内に入るもっとも適切なものを下欄の選択肢からひとつ選び，その記号をマークせよ．ただし，各選択肢を複数回用いることはない．

C社では，自動車用部品を製造している．最近，ある部品Kにおいて内径寸法の不適合品が発生したので，$n=100$ のデータをとり，ヒストグラムを作成した(**図8.5**)．

このヒストグラムから，規格外れが［(1)］．またばらつきが［(2)］ことがわかる．平均値は，［(3)］．また分布は，［(4)］に近く，［(5)］する必要がある．

【選択肢】

ア．小さい　イ．規格の上限にかたよっている　ウ．一般形

エ．発生していない　オ．大きい

カ．規格の中心より少し下限にかたよっている　キ．二山形

ク．発生している　ケ．分類　コ．層別

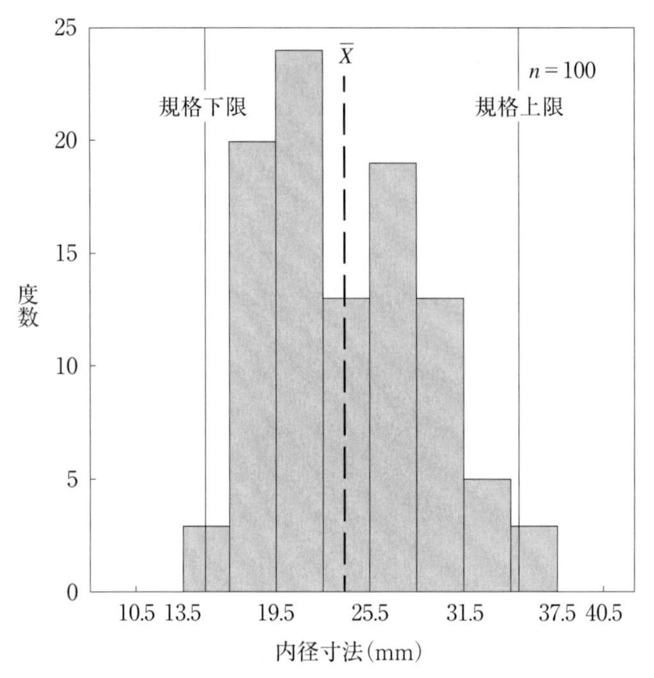

図 8.5　内径寸法のヒストグラム

問題8.10

グラフに関する次の文章において，［　　］内に入るもっとも適切なものを下欄の選択肢からひとつ選び，その記号をマークせよ．ただし，各選択肢を複数回用いることはない．

① グラフとは,「データを図の形に表して, 数量や割合の大きさを[(1)]したり, 数量の変化する状態を[(2)]にわかりやすくする目的で作成されるもの」である.

② グラフの利点は, ひと目で見て[(3)]に理解できたり, データの対比ができることや, 見る人が理解しやすく, 興味を持ってもらえる.

③ 数量の時間的な変化の状態を表すには, [(4)]が使われる.

④ 1つのサンプルについて, 複数の評価項目の特徴や数量の大きさ(大小)を表すには, [(5)]が使われる.

【選択肢】

ア. 折れ線グラフ　　イ. 円グラフ　　ウ. 視覚的

エ. 直感的　　オ. レーダーチャート　　カ. 比較

キ. ガントチャート　　ク. 検討

問題8.11

ブレーンストーミングに関する次の文章において, [　　]内に入るもっとも適切なものを下欄の選択肢からひとつ選び, その記号をマークせよ. ただし, 各選択肢を複数回用いることはない.

① [(1)]を作成する際は, 関係する人が集まり, ブレーンストーミングを用いて, [(2)]多くの意見を出し合って, 要因を出して行くことが重要である.

② ブレーンストーミングとは, [(3)]を開発するための[(4)]思考の技法の一つである. この方法は, 会議のメンバーが, [(2)]意見や考えを出し合って, すぐれた[(5)]を引き出す方法である.

③ ブレーンストーミングは[(6)]が提唱したもので, 4つの基本的ルール(発言を批判しない, どんな発言でも取り上げる, 発言は多いほどよい, 他人のアイデアに便乗する)を確実に進めることが大切である.

【選択肢】

ア．制約条件の下で	イ．対策	ウ．特性要因図	エ．現場力
オ．パレート図	カ．自由に	キ．集団的	ク．発想
ケ．創造性	コ．個別的	サ．デミング	シ．オズボーン

第9章　企業活動の基本

問題9.1

ある大学受験予備校では，さまざまな製品を提供している．次の製品の分類として，［　　　］内に入るもっとも適切なものを下欄の選択肢からひとつ選び，その記号をマークせよ．ただし，各選択肢を複数回用いることはない．

・夏季補習授業　［(1)］
・受験用模擬試験問題　［(2)］
・予備校名入りのシャープペンシル　［(3)］

【選択肢】
ア．ハードウェア　　イ．ソフトウェア　　ウ．サービス　　エ．素材製品

問題9.2

あるレストランでは，よりよい食事をお客様に提供するために，さまざまな項目に注意を払っている．次の文章を読んで，［　　　］内に入るもっとも関係の深い管理項目の用語を下欄の選択肢からひとつ選び，その記号をマークせよ．ただし，各選択肢を複数回用いることはない．

・注文を受けた後，3分以内に，その料理をお客様に提供する．　［(1)］
・ランチタイムでも，従業員5人で速やかに対応できるように，調理方法に工夫をする．　［(2)］
・産地直送など，流通経路に配慮して，できるだけ安く食材を入手する．　［(3)］
・揚げ物の調理において，火傷をしないように調理器具に工夫をする．　［(4)］

・ごみの廃棄において，ごみの水分をできるだけ除去するなど，減量化をはかる． (5)

・従業員が仕事に興味ややりがいをもって楽しく勤務できるように職場環境に配慮する． (6)

【選択肢】

ア．品質(Quality)　イ．コスト(Cost)　ウ．納期(Delivery)

エ．生産性(Productivity)　オ．安全(Safety)

カ．心の健康(Molare，Moral)　キ．環境(Environment)

問題9.3

次の文章において，[　　]内に入るもっとも適切なものを下欄の選択肢からひとつ選び，その記号をマークせよ．ただし，各選択肢を複数回用いることはない．

企業における仕事の流れの基本ともいわれるもののひとつに“ほうれんそう”という言葉がある．企業は，従業員を上司・部下の上下関係で構成した組織である．[(1)]は[(2)]からの指示や命令に従って業務を遂行する．その際，業務が円滑に遂行するために役立つのが“ほうれんそう”である．“ほうれんそう”の“ほう”は[(3)]，“れん”は[(4)]，“そう”は[(5)]のことである．

[(3)]は，これから開始する業務の計画，または，完了した業務の結果に関わる情報を伝えることであり，[(4)]は，上司が次にとるべき行動の契機を示唆する情報を伝えることであり，[(5)]は，予定または予想していなかった状況が発生し，計画どおりの業務遂行が困難なため，新しい指示を仰ぐための情報交換である．

【選択肢】

ア．上司　イ．部下　ウ．同僚　エ．法規　オ．連想　カ．連携
キ．連絡　ク．方法　ケ．報告　コ．相談

問題9.4

下記のBさんの上司への報告中に含まれる5W1Hの各要素にあてはまるもっとも適切なものを下欄の選択肢からひとつ選び，その記号をマークせよ．ただし，各選択肢を複数回用いることはない．

Who　：(1)
What　：(2)
When　：(3)
Where：(4)
Why　：(5)
How　：(6)

部品Aの形状不良に関する苦情が多数寄せられた．そこで，担当者のBさんは，部品Aの製造工程を調査した結果の概要を，次のように上司に報告した．

○年△月×日に部品Aの成型工程を調査した．その結果，約1週間前から，作業員のCさんが部品Aの成型機の金型取付けボルトがゆるんでいることに気付かなかったために，不適合品率で約4％程度の形状不良の部品Aが作られたことが判明した．

【選択肢】

ア．形状不良の部品Aを作った　イ．金型取付けボルトがゆるんでいた
ウ．○年△月×日　エ．約1週間前から
オ．不適合品率で約4％程度　カ．Bさん

キ．Cさん　　　　　　　　　　　　ク．成型工程

ケ．苦情が多数　　　　　　　　　　コ．製造工程

問題9.5

次の文章において，[　　]内に入るもっとも適切なものを下欄の選択肢からひとつ選び，その記号をマークせよ．ただし，各選択肢を複数回用いることはない．

① Dさんは，中古住宅を購入しようと決心し，中古住宅のちらしを集め，その中から，これと思う築10年の物件を選び出した．その後，この物件の適切な評価を行うために，[(1)]主義の実践として，次の行動を行った．

・[(2)]の観点から，目的の物件の立地状況を判断するために，不動産屋の説明を聞くだけでなく，現地へ行ってみた．

・不動産屋が提示した図面，写真で建物を評価するだけでなく，[(3)]の観点から，実際の建物を観察した．

・[(4)]の観点から，建物の周辺，室内の状況，周囲の騒音などを観察し，築10年としての老朽化の程度を調査した．

② ①の結果，Dさんは，次のような評価を行った．

「フェンスやベランダの手すりが錆びており，入居する場合は，これらの取換えが必要である．この物件の立地が海辺であれば，この程度の錆は起こり得るという[(5)]に照らし合わせると，この地域は，海から遠く離れた地域なので，この錆の程度は激しすぎる．

また，南向きの窓が多いと室内が明るく，健康的で暮らしやすいというのが[(6)]であるが，この物件は，南向きの窓がある部屋が1室で，他の部屋の窓は西向きばかりであった」

③ [(1)]主義を実践して得られる調査結果は，[(5)]，[(6)]に照らし合わせると，観察結果から，観察対象の評価を導き出せる．[(1)]主義に[(5)]，[(6)]を含めたものを[(7)]主義という．

【選択肢】

ア．三元　イ．三現　ウ．5ゲン　エ．現・原　オ．現状
カ．現物　キ．原理　ク．現場　ケ．法則　コ．現実
サ．原則

問題9.6

次の文章において，［　　］内に入るもっとも適切なものを下欄の選択肢からひとつ選び，その記号をマークせよ．ただし，各選択肢を複数回用いることはない．

① Dさんは，大学生の息子の部屋に入って，次のような状況を見て驚いた．
- ［(1)］ができておらず，床には，ちりやごみが散乱しており，机の上は，ほこりだらけであった．
- プリンタの用紙は［(2)］されていない．ミス出力の用紙は捨てられず，提出用の用紙の間に混ざっていた．
- 本棚の本は，［(3)］されず，学習参考書と漫画が混在して，用途別に並んでいなかった．これでは，必要なものがすぐに取り出せない．
- 机の上のマグカップには，飲みかけのコーヒーが入ったままで，また，いつ洗ったかわからないほど汚れており，とても［(4)］とはいえない状態であった．

② ［(1)］～［(4)］は，家庭生活だけでなく，職場の管理の前提であり，［(5)］と呼ばれる．また，これらのことを押しつけでなく，自ら行えるよう習慣づけることを［(6)］といい，これに［(5)］を加えて，［(7)］と呼ばれる．

【選択肢】

ア．整理　イ，整列　ウ．整頓　エ．洗濯　オ．清掃

カ．清潔　　キ．清涼　　ク．躾(しつけ)　ケ．3M　　コ．3S
サ．4S　　シ．5S

問題9.7

次の文章で正しいものに○，正しくないものに×をマークせよ．

① 職場の制服は個性を隠してしまうので，個性を発揮するためには，制服が貸与されても，できるだけ着用しないほうがよい． (1)

② 出社時に，隣の課の課長と一緒になった．まだ始業前であり，会社の手前だったが，朝の挨拶を行った． (2)

③ 自分に与えられた仕事に対して支障がなければ，職場で決まっている休憩時間を多少延長しても問題ない． (3)

④ 筆記具などは，会社から支給されたものより，自分のもののほうが使いやすければ，それを使えばよい．しかし，支給されたものは，使用しなくても，自宅へ持ち帰ってはならない． (4)

⑤ 安全週間は，職場で決められた安全に関する項目を点検し，必要に応じて事故防止のための対策を施す行事である．これは，安全を管理する部署の仕事なので，他の部署の社員は，参加しなくてもよい． (5)

⑥ 会社は，従業員が与えられた仕事の成果を求めているのであるから，始業時間を守らなくても，自分の都合のよい時間に出社し，成果を出せばよい． (6)

⑦ 建設現場の視察において，高所であるが手すりのない通路があり，そこを通過するときに落ちそうになり，ヒヤリとした．結果的には転落事故にならなかったので，この件については報告しなかった． (7)

⑧ A工務店は，建築物の解体工事を請け負っている．ある日の現場作業は初めてのものであったが，前日，同じような作業を別の現場で行っていたので，作業前の危険予知活動は不要と判断した． (8)

⑨ B運輸では，定期的に危険予知トレーニングを行っている．いつもは写真

やイラストを題材にしているが，今回は，実際のフォークリフトの荷卸し作業を見て危険予知トレーニングを実施した．　(9)

⑩　Cバスでは，運転士が安全確認をする際に，指差呼称を義務づけている．運転士のDさんは，乗客の迷惑になるといけないので，声は出さずに指差しだけで行うようにしている．　(10)

解答・解説編

第1章　品質管理

解答1.1

(1)○　(2)×　(3)×　(4)×　(5)○

解説1.1

JIS Q 9000：2015によると，**“品質”**とは「対象に本来備わっている特性の集まりが，要求事項を満たす程度」と定義されており，“本来備わっている”とは，「“付与された”とは異なり，そのものが存在している限り，持っている特性を意味する」と説明している．

すなわち，品質は，その製品やサービスが使用目的を満たしている程度で評価され，使用目的への適合性が重要である．したがって，品質は，よい，悪い，優れた，などの形容詞とともに使われる．

① ほとんどのユーザがこのスマートフォンに満足しているので，品質がよいといえる．

② あるユーザにとってよい点はあるが，不満な点もありながら，使っている状況である．したがって，品質がよいとはいえない．

③ 製品とサービスの品質がともによい場合に，品質がよいといえるが，この場合サービスの品質に問題があるため，品質がよいとはいえない．

④ 値段が高い場合は，購入できないのであるからユーザのニーズを満たしているとはいえない．したがって，品質はよいとはいえない．

⑤ 3年間も当該のスマートフォンを使っていることから，不満がないという程度と考えられる．したがって，品質は普通レベルである．

解答1.2

(1)(イ)　(2)(ア)　(3)(ア)　(4)(イ)　(5)(イ)

解説1.2

"マーケットイン" とは，「顧客第一の考え方に立つことで，顧客の立場で製品やサービスを提供すること」である．したがって，顧客に満足してもらい，感動を与えるような製品・サービスを届けることである．また **"プロダクトアウト"** とは，マーケットインとは逆の考え方で「企業の一方的な立場で，製品・サービスを顧客に提供する」こと，製品・サービスの品質，納期，価格などは企業の立場だけを優先するという考え方である．このような考え方で本問をとらえると，以下のようになる．

① 顧客は，家電について素人なのでできるだけ親切に応対し，場合によってはサービスマンを派遣するなどの手配をするべきである．

② マーケットインといっても，顧客の要求をすべて受け入れることではない．他の顧客の納期にも影響を与えることがあるので，適切な対応が営業マンには望まれる．

③ 顧客の立場で考えれば，このようなマニュアルにないようなサービスでも自然と手配できるようになる．

④ 両方の顧客の置かれている状況についてよく聞き取りをして，優先順位をつけるべきである．待たされたもう一方の顧客の方に即時対応しなければ重大な問題に発展しそうな場合は，その顧客を優先して対応すべきである．

⑤ 顧客が，本当に30%値引きを望んでいるのかはっきりしない段階で，断ってはならない．上司を呼んでくるなどして，本当の要求を掘り下げるべきである．

解答1.3

(1) ×　　(2) ×　　(3) ○　　(4) ×　　(5) ×

解説1.3

① 品質管理では，顧客や社会のニーズを満たすことを目指しているので，低価格の商品を欲しがる顧客が多いことは確かである．しかし，高価でも高性能の商品を欲しがる顧客もいるので，低価格を望む顧客に限定して市場を考えることはよくない．品質と価格の最適なバランスを追求し，市場(顧客)に最適な価値を提供するための活動が重要である．

② 手間をかけたからといってよい品質の製品ができるとは限らない．品質管理では，製造，販売など各段階で，ばらつきのない品質が一定になるような仕組みを作らなければならない．効率も重視し，仕事のやり方を改善しなければならない．

③ 見込み客も将来の顧客である．

④ 品質管理では，製品やサービスの品質を保証することが要求されている．市場での不良品がゼロにできないからと言って顧客に使ってもらいながら不良品をゼロにするようなやり方は，本来の品質管理ではない．

⑤ コールセンターにつながらないのは，サービスの品質が一定に保たれていない状況であり，お客様が満足しているとはいえない．

解答1.4

(1) ウ．組織または人　(2) カ．組織内部の人　(3) ク．品質方針
(4) ケ．品質優先　(5) サ．安全

解説1.4

① **“お客様(顧客)”** とは，「製品・サービスを受け取る組織または人」のことであり，消費者，エンドユーザー，小売業者，購入者などを指す．また，顧客は外部だけでなく，組織の内部の人も顧客である．このように，社外の顧客だけでなく，社内の人もお客様と考える．

② 品質管理を全社で推進していくときに，関係する人々の考え方や目指す方向が一致していることが大切である．そのために，品質管理を推進するような場合には，品質方針と呼ばれる基本的な考え方を定める．**“品質方針”** とは，「経営トップによって正式に表明された品質に関する組織の全体的な意図および方向づけのこと」である．品質方針の基本は，品質優先という考え方である．これは，短期的な利益や市場占有率の拡大よりもよい品質の製品やサービスを提供するという考え方である．

③ 職場でのものづくりにおいては，品質と同時に，働く人の安全を守ることも大切である．このため安全管理にも十分留意する必要がある．

解答1.5

(1)×　(2)×　(3)○　(4)○　(5)×

解説1.5

① 目標が高いからといって，放置しておくのはよくない．不適合品が多い原因を調べて，対策を打つなど，改善が必要である．

② ロボットが頻繁に止まると生産性も落ちるのでよくない．ロボットが止まる原因を究明し，改善するとともに，大きなトラブルの予兆になっていないかなどを検討することが大切である．

③ 問題解決をするには，その影響を明らかにする必要がある．修理に時間がかかるなど，大きな問題が想定されないのであれば，定期点検まで待つのもひとつの方法である．

④ **“問題”** とは，「“あるべき姿”，と“現状の姿”との差」をいう．品質管理では，問題と課題の両者を区別して用いる場合がある．問題とは，あるべき姿(目標)を設定し，目標達成のための手順を決めて行動した結果，目標との差(ギャップ)が発生した状態のことをいう．一方，課題とは，「将来の“ありたい姿”と現状との差(ギャップ)」をいう．よって，不適合品率の差3％

は問題である．

⑤　特定の部品が高価であれば，ほかの購入先はないか，製品の設計変更によってその部品を使わないようにできないかなど，あらゆる可能性を検討すべきである．

解答1.6

(1)ウ．苦情　(2)シ．明示　(3)キ．暗示　(4)ア．品質
(5)サ．コスト　(6)イ．納期

解説1.6

①　**“苦情”**とは，顧客が期待している製品・サービスまたは組織の活動が顧客のニーズに一致していないことに対してもつ不満のことである．すなわち，「製品または苦情対応プロセスに関して，組織に対する不満足の表現で，その対応または解決が，明示的または暗示的に期待されているもの」といえる．製品の取換えを請求することは，苦情が明示(はっきり示すこと)された状態である．

②　電話の途中であきらめているのは，苦情が暗示(それとなく示すこと)された状態である．

③　製品づくりやサービス活動では，品質のほかに量，納期を加味した総合的な品質を考えなければならない．**“QCD”**とは，「一般にいわれる広義の品質のことで，Quality(品質)，Cost(原価)，Delivery(納期，工期―生産量)の総称」である．QCDに，現場で重視されるSafety(安全)を加えてQCDSともいう．

第１章のポイント

【1．第１章で学ぶこと】

(1)　**“製品やサービスの品質”**とは，「製品やサービスが顧客の使用目的をどの程度満たしているかの程度」である．したがって，製品には高級品から普及品までいろいろな種類があって，それぞれの顧客が満足するようにしている．

(2)　製品やサービスの品質を一定に保つためには，材料の仕入れ，製品の生産，販売の各段階で，確実に仕事を進めていく必要がある．具体的には一定の手順，時間，コストで仕事を進めなければならない．ある仕事で問題が発生したときには改善し，確実に仕事が進めるようにしていく必要がある．こうした取組みが品質管理である．

(3)　**“お客様(顧客)”**とは，「製品・サービスを受け取る組織または人」のことである．したがって，その製品に関係する消費者，使用者，販売する人などの期待に応えなければならない．

(4)　**“マーケットイン”**とは，「顧客の立場を優先して製品・サービスを提供するという考え方」である．**“プロダクトアウト”**とは，「組織の一方的な立場から製品・サービスを提供する行動」のことで，社会や顧客の立場を優先しない考え方である．

(5)　品質管理を全社で推進していくときに，品質方針を定める必要がある．品質方針の基本は，品質優先という考え方である．短期的な利益を追ったり，時間に追われて品質に妥協することは慎まなければならない．

(6)　ものづくりにおいては，品質と同時に，働く人の安全を守ることも大切である．このため安全管理にも十分留意する必要がある．

(7)　**問題**と**課題**の両者を区別して用いる場合がある．問題とは，「あるべき姿(目標)を設定し，目標達成のための手順を決めて行動した結果，目標との差(ギャップ)が発生した状態のこと」をいう．一方，課題とは，「将来の“ありたい姿”と現状との差(ギャップ)」をいう．

(8) **“苦情”**とは,「製品や苦情への対応の仕方に関する顧客の不満」である.明らかになった苦情(明示的に期待されるもの)だけでなく,見えない苦情(暗示的に期待されるもの)を把握し,適切に処置することも重要である.

(9) **“QCD”**とは,「一般にいわれる広義の品質のことで,Quality(品質),Cost(原価),Delivery(納期,工期–生産量)の総称」である.単なる製品・サービスの品質を指すのか,QCD を含む広義の品質を指すのか,題意を読み取る必要がある.

【2. 理解しておくべきキーワード】

・品質とその重要性　・製品やサービスの品質　・品質優先
・マーケットイン　・プロダクトアウト　・品質管理　・お客様(顧客)
・ねらいの品質　・問題と課題　・苦情　・クレーム

第2章　管理

解答2.1

(1)ア．維持活動　(2)オ．改善活動　(3)イ．作業標準
(4)ウ．ばらつき　(5)カ．コスト　(6)ク．後工程　(7)ア．継続的

解説2.1

① 品質管理における管理活動には，維持活動と改善活動の両面が必要である．維持活動とは，作業標準などに従って作業することで，結果のばらつきを許される範囲におさめることである．一方，改善活動とは，品質をよくしたり，コスト(原価)を下げたり，生産能力を上げたりなど，お客様や後工程に喜んでもらえるような仕事のやり方に改善していく活動である．

② 品質管理では，利益確保などの会社の経営目的を継続的に達成するために，社内の全員が仕事の質を高めていくことが重要である．仕事を効果的に進めることが管理活動であるといえる．

解答2.2

(1)イ．維持活動　(2)ア．改善活動　(3)ア．改善活動
(4)イ．維持活動　(5)ア．改善活動　(6)イ．維持活動

解説2.2

“維持活動”とは，標準やマニュアルに従って作業し，ばらつきのない仕事の結果を生み出すことである．**“改善活動”**とは，現在の製品やサービスの品質をよくしたり，原価を下げたり，納期を短縮したりするために，仕事のやり方をよいほうに改めることである．

① 決められた手順に従って入室することで，異物混入などの異常がないようにしているので，維持活動である.

② 工場の環境を改善するための活動であるので，改善活動である.

③ 遅刻をしないように改めた活動であるので改善活動である.

④ 工場の機械が故障しないように決められた時期に定期的に行う活動であるので，維持活動である.

⑤ お客様の要望(苦情)に沿うために製造工程を改善し，ばらつきを低減しようという活動であるので，改善活動である.

⑥ 1袋の飴の数にばらつきが生じないように計数管理している活動であるので，維持活動である.

解答2.3

(1)オ．計画　(2)ウ．実施　(3)エ．結果　(4)キ．アクト

(5)ウ．標準化　(6)カ．SDCA

解説2.3

① 目的を達成するための仕事の進め方の基本は，PDCA のサイクルを回すことである.

PDCA のサイクルとは，

P (Plan，プラン，計画する)：よい状態を実現する目的を明確にし，計画を立てる．目的をより具体的に示したものを目標と呼び，目標項目，目標値，目標期日からなる.

D (Do，ドゥ，実施する)：計画に従って実施する.

C (Check，チェック，確認，点検，評価，反省する)：結果がよかったかどうか，計画と対比しながら差異を確認する．結果の良し悪しを評価する尺度を“管理項目”という．また，管理項目のうち要因系の項目を“点検項目”という.

A(Act，アクト，処置する)：予想どおりの結果であれば，その計画と実施が適切であったと判断してこれを継続し，予想と異なる結果となったら，なぜそうなったかを調べ，対策をとる．

からなる一連のサイクルのことである．

② 過去の経験が十分にあり，技術が確立されている場合には，P に代えてすでに明確になっているよい方法を，標準化(S：Standardize)し，SDCA のサイクルを回すことがある．すなわち，SDCA のサイクルは維持活動における管理のサイクルといえる．改善活動と維持活動における管理のサイクルを**図 2.1** に示す．

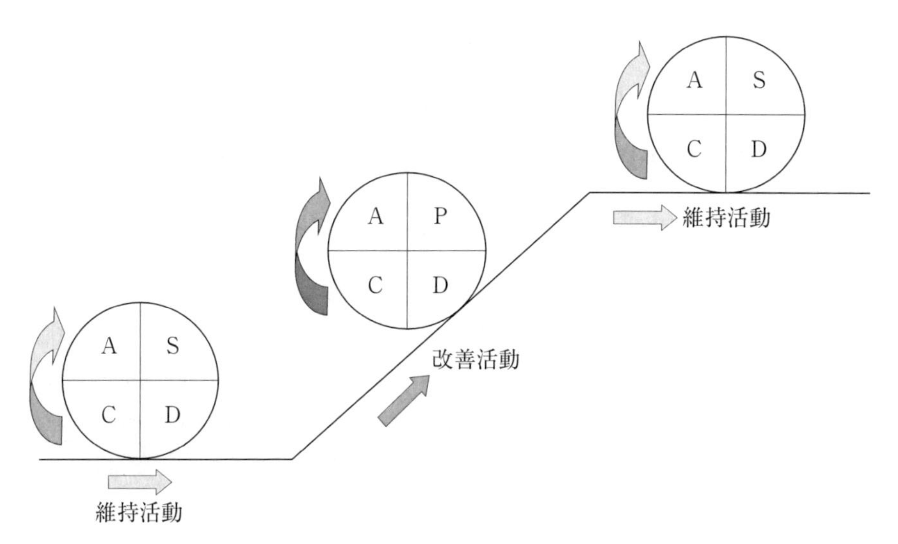

図 2.1　管理のサイクル

解答2.4

(1)イ．D(ドゥ)　(2)エ．A(アクト)　(3)ウ．C(チェック)
(4)イ．D(ドゥ)　(5)ア．P(プラン)　(6)エ．管理　(7)ア．点検

解説2.4

[1]

① 計画に従ってトレーニングしているので，D(ドゥ)のステップである．Dのステップには教育や訓練の実施が含まれる．

② 思うような結果が得られなかったため，次回のマラソン大会を目指し対策を立てているので，A(アクト)のステップである．

③ マラソンの結果とその原因を評価，確認しているので，C(チェック)のステップである．

④ 計画どおり，市民マラソン大会に出場しているので，D(ドゥ)のステップである．

⑤ 市民マラソン大会を目指し，目標のタイムの設定とトレーニングの計画を立てているので，P(プラン)のステップである．

[2]

C(チェック)の段階では，実施した結果の良し悪しを客観的に評価する尺度が必要である．本問の場合，「ゴールまでの時間」がこれに当たり，管理項目と呼ばれる．管理項目には，結果系の項目と要因系の項目があり，要因系の項目を点検項目と呼ぶ．トレーニングの際の「1週間当たりの走行距離」は，「ゴールまでの時間」を縮めるための要因となるものであるので，点検項目である．

第２章のポイント

【1．第２章で学ぶこと】

(1)　**“維持活動”**とは，標準やマニュアルに従って作業し，ばらつきのない仕事の結果を生み出すことである．

　“改善活動”とは，「現在の製品やサービスの品質をよくしたり，原価を下げたり，仕事の納期を早めたりするために，仕事のやり方をよい方に改めること」である．

　この“維持活動”と“改善活動”の両面から管理活動は成っている．

　“管理活動”とは，「ある目的を継続的に効率よく達成するために必要なすべての活動」ともいえ，そのためには，PDCA のサイクルを回すことが必要である．

(2)　**“PDCA”**サイクルとは，仕事の進め方を，P(Plan：プラン(計画する))，D(Do：ドゥ(実施する))，C(Check：チェック(確認，点検，評価，反省する)，A(Act：アクト(処置する))の４つのステップで示したものである．

(3)　目標の達成を管理するために，評価尺度として選定した項目を**“管理項目”**という．また管理項目のうち原因をチェックする項目を“点検項目”という．

(4)　PDCA のサイクルの P を S に置き換えたものを**“SDCA のサイクル”**という．

　これは，すでに明確になっているよい方法を標準化(S：Standardize)し，S → D → C → A の順序で，管理のサイクルを回すことである．

　PDCA のサイクルは改善活動に，SDCA のサイクルは維持活動に対応し，両者を継続的に回すことでレベルアップを図る．

【2．理解しておくべきキーワード】

・管理活動　・維持活動　・仕事の進め方　・改善活動

・PDCA のサイクル　・SDCA のサイクル　・管理項目　・点検項目

第3章　改善

解答3.1

(1)シ．経営システム	(2)ク．向上	(3)ス．少人数	(4)ウ．継続的
(5)コ．現状	(6)オ．問題	(7)エ．品質	(8)ソ．重点指向

解説3.1

“改善”とは，「現状での作業における問題を発見し，問題を解決してよりよい作業の状態を生み出す活動」といえる．

問題とは，「あるべき姿と現状との間の差(ギャップ)のこと」をいう．

改善活動は，現在の品質をよりよくしたり，原価を下げたり，生産量や納期を確実に守ったり，お客様や他部門から喜んでもらえるように仕事のやり方などを変えてよくする取組みのことである．

“KAIZEN”というローマ字表記の言葉は，日本の品質管理における改善活動が世界的に知られるようになって，海外で使われるようになった言葉である．改善は，繰り返し行う必要があるので継続的改善と呼ばれる．

“継続的改善”とは，「要求事項を満たす能力を高めるために繰り返し行われる活動」，「問題または，課題を特定し，問題解決または課題達成を繰り返し行う改善」といえる．

“重点指向”とは，限られた人数や資金，時間の中で組織に与える影響がより大きい問題に絞って確実に改善活動を実施する考え方のことである．

解答3.2

(1)キ．効率	(2)エ．改善事例	(3)コ．問題解決	(4)イ．現状
(5)ス．目標	(6)オ．要因	(7)シ．対策	(8)ケ．効果
(9)ソ．標準化	(10)ク．反省		

解説3.2

QCストーリーとは，改善活動においてより効果的に効率的に問題を解決するためにその手順を標準化したものである．これらの各手順は，問題解決を進めていくための有効なステップであるので，広く活用されている．また，改善事例を他の人にわかりやすく説明するためにも有効である．QCストーリーの手順には，いくつかの手順が紹介されているが，ここでは8の手順で示している．

QCストーリーは単に一通りの手順をこなすだけではなく，例えば，「効果の確認」の段階で，効果が不十分で目標を達成していないときは，要因の解析や対策の立案など適切な前の段階に戻る必要がある．問題を解決するためには，粘り強く活動を行うことが大切である．

解答3.3

(1)ア．ムリ　(2)イ．ムラ　(3)ウ．ムダ　(4)ウ．ムダ
(5)ア．ムリ　(6)ウ．ムダ　(7)イ．ムラ

解説3.3

「3ム」とは，ムリ，ムラ，ムダの3語をまとめた表現で，職場の品質改善，生産性向上や原価低減などの改善活動に取り組むときのテーマ選定や，対策立案に重要な着眼点となっている．3ムはいずれもあってはならない状態であり，基本的にはゼロを目指す必要がある．ムリ，ムラ，ムダを把握するには，本来のあるべき状態と現状の姿を明確にすることが必要である．仕事の進め方や日程にあまりムリ(無理)があると，働く人の疲れが出たりして品質に問題を起こす可能性がある．ムラ(むら)のある仕事は，品質に不ぞろいやばらつきが生じる可能性がある．そして，ムダ(無駄)の多い仕事や品質の悪い製品の直し(手直しともいう)，廃棄によるムダは，コストが高くなる原因となる．

解答3.4

(1)ケ．第一線　(2)ウ．改善　(3)キ．自主　(4)カ．企業目的
(5)サ．能力向上　(6)エ．無限　(7)オ．生きがい　(8)ア．寄与

解説3.4

小集団改善活動(QC サークル活動)とは，一般に 10 人以下の従業員によりグループを構成し，そのグループ活動を通じてメンバーの能力向上や職場の活性化，さらには仕事のやりがいを高めていく活動である．結果として，企業の目的達成に貢献し，経営参加への一因となる．このグループ活動は，職場における問題にメンバーが自主的に取り組み，品質，安全，原価，生産性などの改善を目的として，品質管理の考え方や手法などを有効に活用し，目的達成を通じて経営への貢献とグループメンバーの能力向上(人間性成長)を目指すものである．

QC サークル活動の基本理念は，

人間の能力を発揮し，無限の可能性を引き出す．

人間性を尊重して，生きがいのある明るい職場を作る．

企業の体質改善・発展に寄与する．

とされている．

第3章のポイント

【1．第3章で学ぶこと】

(1)　**“改善”**とは，「組織として少人数のグループまたは個人で，経営システム全体またはその部分を常に見直し，能力その他の向上を図る活動」である．

(2)　**“改善活動”**とは，「現状での作業における問題点を発見し，よりよい作業の状態を生み出す活動」と定義されている．改善という活動は，日本で発展した品質管理の重要な要素であり，諸外国でもKAIZENとローマ字表記され，その活動の重要性が広まっている．改善の対象は広範囲で，品質の改善，工程の改善，生産性の改善，原価の改善，仕事の改善など，お客様や後工程にとってよりよい結果を保証するためのすべてのプロセスに適用される．

(3)　**“QCストーリー”**とは，改善活動においてより効果的・効率的に問題を解決するためにその手順を標準化したもので，改善事例を他の人にわかりやすく説明するためにも有効である．

(4)　**“3ム”**とは，ムリ，ムラ，ムダの3語をまとめた表現である．3ムはいずれもあってはならない状態であり，改善活動の着眼点として重要である．

① **“ムリ”**とは，その行為が困難なことであり，道理・理由がないことや，筋の立たないことを意味する．

② **“ムラ”**とは，その行為が一様でないことであり，結果として物事がそろっていない状態や統一性がないことを意味する．

③ **“ムダ”**とは，その行為に益がないことであり，役に立たないことや，やりがいがないことを意味する．

(5)　同じ職場の仲間などでグループを作り，製品や仕事などの質の管理や改善を行うために作られたグループを**“小集団（QCサークル）”**と呼び，このグループ（サークル）で行う活動を**“小集団改善活動（QCサークル活**

動）”という．QC サークル活動は，サークルメンバーの能力の向上や職場の活性化，さらには仕事のやりがいなど，人間の能力の発揮と生きがいのある職場の確立にも大きな効果がある．さらに，改善活動を通して企業に貢献する役割も果たしている．

【2．理解しておくべきキーワード】

・改善　・改善活動　・KAIZEN　・継続的改善　・QC ストーリー
・問題解決の手順　・３ム（ムリ，ムラ，ムダ）
・小集団改善活動（QC サークル活動）　・QC サークル活動の基本理念
・重点指向

第4章　工程(プロセス)

解答4.1

(1)ク．工程　(2)エ．組立　(3)カ．企画　(4)ア．製品
(5)ウ．検査　(6)コ．不適合品　(7)オ．お客様

解説4.1

「品質は工程で作り込め」という考え方は，品質管理の基本といわれている．特に，生産工程における工程とは，材料投入から運搬，加工，組立，検査など，製品化への過程をいい，その過程を構成するさまざまな要素を管理することにより，ばらつきのない安定した品質の製品を作ることが可能となる．

検査を厳重に実施することで，規格に適合した製品ができたかどうかを確認し，市場に送り出すことは可能であるが，検査での見落としによる後工程やお客様への迷惑，検査で発見されたときの手直し費用，さらには納期遅れなどのさまざまな問題が発生してくる．そこで，すべての工程で確実な管理を実施することで，後工程やお客様への品質保証が可能となり，より効果的で効率的な品質管理が実現できる．

解答4.2

(1)キ．能力(力量)　(2)エ．調整(調子)　(3)イ．変動(変化)
(4)ア．不徹底(不順守)　(5)サ．誤差　(6)ク．方法(Method)
(7)ケ．計測(Measurement)　(8)ウ．5M

解説4.2

日々生産している製品は，何らかの原因で変化(ばらつき)している．その原

因には大きく5つの要素に区分できるといわれている．すなわち，(1)作業者のばらつき，例えば体調の変化など．(2)機械・設備のばらつき，例えば週1回の点検周期の点検直後と点検前日との差など．(3)材料(原材料)のばらつき，例えば保管日数や天候の影響を受けやすい材料など．(4)作業方法のばらつき，例えば作業標準どおりの手順で実施したり，しなかったり，さらに(5)試験や測定時の計測器の誤差や測定者のクセなどの場合である．安定した品質を作るためには，これらの5つの要素が常に最適な条件になるよう，現場を管理することが重要である．これら5要素の英語の頭文字をとって，生産の5Mと表現する．

解答4.3

(1)ア．異常原因による工程の変化
(2)イ．偶然原因による工程の変化
(3)ア．異常原因による工程の変化
(4)イ．偶然原因による工程の変化
(5)ア．異常原因による工程の変化
(6)ア．異常原因による工程の変化
(7)イ．偶然原因による工程の変化

解説4.3

製品の品質のばらつきの原因には，異常原因による工程の変化と偶然原因による工程の変化が影響している．異常原因による工程の変化とは，平常な状態では起こらない事象(大きな変化)が発生することである．また，偶然原因による変化とは，平常時においても当たり前のように変化する状況である．これらの変化は生産の5Mが影響していることが多い．日常生活において，「交通事故によりバスが遅れる」や「平常時の最高血圧は125±10であるが，ある日155という特異な値を得る」などは異常原因による変化(異常なばらつき)である．一方「自宅から会社までの通勤時間は平均時間の±10分であるとき，ある日の通勤時間が平均時間より余分に5分かかった」などは，特別な原因があったわけではないので，偶然原因による変化といえる．

第４章のポイント

【1．第４章で学ぶこと】

(1)　**“工程”**とは,「生産活動の段階や手順のことで，製品またはサービスを作り出す過程」をいう．生産工程における工程とは，材料投入から運搬，加工，組立，検査など，製品化への過程をいう．その過程を構成する加工，組付け，運搬，検査などの各工程での管理の確立が，品質の安定化に重要である．

(2)　**“品質は工程で作り込め”**という考え方は，日本において古くから格言として今日まで伝えられてきている．この考え方は，各工程が責任をもって管理し，常に「後工程はお客様」という立場で責任ある仕事を心がけることを提唱している．

(3)　**“4M”**とは,「ばらつきを生じさせる工程の要素を人(Man)，機械・設備(Machine)，原材料(Material)，方法(Method)のこと」をいう．これらの英語の頭文字をとって生産の4Mという．なお，4Mに計測(Measurement)のMを加えて5Mということがある．よい品質の製品を作るためには，この5Mをしっかり管理する必要がある．

(4)　**“工程の変化(ばらつき)”**には，異常原因による工程の変化(異常なばらつき)と偶然原因による工程の変化(偶然の結果として起こるばらつき)が存在する．

①　**“異常原因による工程の変化”**とは，何らかの予期しない特別な事態(原因)が工程上で発生したため，不適合品(結果)が発生する場面をいう．このようなときには，必ずその原因がある．たとえば，ボルトの締付け力不足が後工程で発見されたとき，締付け作業者が作業手順を守っていなかったことが原因であったなど．このような原因を異常原因といい，この原因による変化としてボルトのゆるみが現象として発生している．当然，このような異常原因(作業標準を守っていなかった)を除去し，工程の安定を図る必要がある．

② **“偶然原因による工程の変化”**とは，5M をしっかり管理していても当たり前のように変化する状況であり，避けられない変化（ばらつき）のことである．したがって，この変化の原因はどこにあるかなどの検討や対策は一般的に不要である．

【2. 理解しておくべきキーワード】

・工程　・品質は工程で作り込め　・後工程はお客様　・5M：人(Man)，機械・設備(Machine)，原材料(Material)，方法(Method)，計測(Measurement)
・工程の変化（ばらつき）　・偶然原因による工程の変化
・異常原因による工程の変化

第5章　検査

解答5.1

(1)ク．観察　(2)イ．判定　(3)カ．測定　(4)ケ．適合品

(5)キ．適合・不適合

解説5.1

“検査”とは，「製品・サービスの一つ以上の特性値に対して，測定，試験，又はゲージ合わせなどを行って，規定要求事項に適合しているかどうかを判定する行為」(『日本の品質を論ずるための品質管理用語 85』)のことである．

① 目視によって観察し，きずの大きさを判定している．

② 検査を行った結果が，規格や基準に合致したことが確かめられたとき，この製品を適合品という．引張試験機で強度を測定し，規格で示された引張強度を満たしているので，これは適合品といえる．

③ 特殊金属加工品のすきま(寸法)を判定(通るか止まるかどうか)し，適合・不適合を判定している．

解答5.2

(1)×　(2)×　(3)×　(4)○

解説5.2

① **“不適合”**とは，「規定要求事項を満たしていないこと」であり，**“不適合品”**とは，「一つ以上不適合のあるアイテム」である．したがって，規定要求事項を満たしてないと判定されない限り不適合品とは決定できない．規定要求事項とは，例えば，文書などで明示されている要求事項のことである．

② **“適合”** とは，「規定要求事項を満たしていること」である．この場合，規定要求事項を満たしておらず **“適合品”** とはいえない．補修が可能か否かは規定要求事項ではない．

③ 規定要求事項に則って検査が行われていないので，正しくない．

④ 1級品，2級品の分類についての規定要求事項を満たしているので，正しい．

解答5.3

(1)× (2)○ (3)× (4)× (5)×

解説5.3

ある製品のロットを検査するときに，ロット(等しい条件下で生産され，または生産されたと思われる品物の集まり)からいくつかのサンプルを抜き取って検査し，ある基準と比較して満たされていれば，ロットを合格とする検査を抜取検査という．本問題は，ロットから，ランダムに500個のサンプルを抜き取って検査し，不適合品が2個以下ならロットを合格とする抜取検査である．

① サンプルサイズ(サンプルの大きさ)を変更したことになるので，あと250個の検査結果をもってロットの合否を判定しなければならない．

② サンプルサイズ(サンプルの大きさ)が2倍になっており，より厳しい抜取検査方式を採用したので，結果は有効である．

③ 資格のない作業員の検査結果は，有効とはいえない．

④ 1カ月前のロットは本来，不合格だった．したがって，記録を修正し，誤記が発生した原因を分析し対策を打たなければならない．また，可能であれば出荷してしまったロットを回収し，全数再検査することも検討する必要がある．

⑤ サンプルは，ランダムに抜き取ることが原則である．したがって，違う部品が混入した原因を追究するとともに，新たにランダムに抜き取ることが必

要である．

解答5.4

(1)ク．受入検査　(2)オ．工程内検査　(3)ウ．最終検査
(4)ケ．出荷検査　(5)キ．官能検査

解説5.4

検査は，原材料や一部加工品などを受け入れるときに行う **“受入検査”**，一連の工程の中で適切な途中段階で実施する **“工程内検査”“中間検査”**，そして完成した製品について行う **“最終検査”“出荷検査”** の大きく分けて３つの段階で行われる．

① 部品を受け入れるときには受入検査，工程の途中では工程内検査を行う．
② 最終工程では最終検査，出荷直前には出荷検査を行う．
③ 検査には，人間の五感(目(視覚)・耳(聴覚)・舌(味覚)・鼻(嗅覚(きゅうかく))・皮膚(手触り))によって判断するものもある．このような検査を特に **“官能検査”** という．

第５章のポイント

【1. 第５章で学ぶこと】

(1) **“検査”** は，部品などを測定器，試験機などで測定し，特性値が規定要求事項を満たしているかどうかについて判定する．ノギスで部品の長さを測定し，決められた長さでなければ，不適合品と判定することは検査である．

(2) **“不適合”** は，「規定要求事項を満たしていないこと」であり，**“不適合品”** はとは，「一つ以上不適合のあるアイテム」である．作業標準どおり作業をしないのは不適合であり，その作業でできた製品が検査で不適合になれば，不適合品となる．

(3) **“抜取検査”** とは，「ある製品のロットを検査するときに，ロットからいくつかのサンプルを抜き取り，ロット全体の合否を判定すること」である．

(4) 検査は，工程の流れの順に **“受入検査”“工程内検査”“中間検査”“最終検査”“出荷検査”** に分けられる．工場内を巡回すれば，各所にこれらの検査工程があることがわかる．

(5) 検査には，人間の五感を活用した **“官能検査”** がある．製品の外観を目視で確認したり，香水の匂いを嗅いで良否を判定するのは，その例である．

【2. 理解しておくべきキーワード】

・検査　・規定要求事項　・適合　・適合品　・不適合　・不適合品
・ロットの合格，不合格　・受入検査　・工程内検査　・中間検査
・最終検査　・出荷検査　・官能検査　・抜取検査

第6章　標準・標準化

解答6.1

(1)ウ．効率　(2)エ．公平　(3)キ．ばらつき　(4)ケ．標準化
(5)カ．標準　(6)ア．材料　(7)オ．手順

解説6.1

会社などの組織で同一の作業を複数の作業員が行う場合，各作業員が各々独自のやり方で仕事を行うのではなく，統一された方法やルールで作業を行うほうが効率的である．そうすることで，その仕事に関わる人々の間で，利益や利便が公平に得られる．また，作業を単純化することも可能となり，その作業から生み出される製品やサービスの品質のばらつきを小さくすることができる．この統一化された方法やルールを標準という．その対象は，生産されるものおよび提供されるサービスだけでなく，これらを生み出す組織，責任権限，システム，方法など，もの以外も含まれる．

与えられた仕事の結果が，誰が行っても，繰り返し行っても，最適な結果となるような標準を作成し，これを活用することを標準化という．

D さんは，従業員全体の作業効率を上げ，さらに，労働の平滑化により，従業員が公正な労働対価を得られることを目標として標準化を行った．

そして，そのための標準が作成され，そこには，ソース焼きそばを調理するための材料とその量，調理手順が取り決められている．これを実践することにより，どの従業員が調理しても，ある従業員が繰り返し調理しても，常に同じ味のソース焼きそばを作ることができる．

なお，JIS Z 8002：2006 で，**“標準”**は「関連する人々の間で利益又は利便が公正に得られるように，統一し，又は単純化する目的で，もの(生産活動の産出物)及びもの以外(組織，責任権限，システム，方法など)について定めた取決め」とされており，**“標準化”**は「実在の問題又は起こる可能性がある問

題に関して，与えられた状況において最適な秩序を得ることを目的として，共通に，かつ，繰り返して使用するための記述事項を確立する活動」とされている．

解答6.2

(1)オ．作業標準　(2)カ．社内標準　(3)ウ．規格　(4)イ．技術仕様書
(5)エ．業務規定

解説6.2

① **“作業標準”**とは，「作業の目的，作業条件(使用材料，設備・器具，作業環境など)，作業方法(安全の確保を含む．)，作業結果の確認方法(品質，数量の自己点検など)などを示した標準」(JIS Z 8002：2006)とされている．

② **“社内標準”**とは，「個々の会社内で会社の運営，成果物などに関して定めた標準」(JIS Z 8002：2006)とされている．また，会社の運営には「経営方針，業務所掌規定，就業規則，経理規定，マネージメントの方法」などが挙げられている．

③ **“規格”**とは，製品などの基本構造を決めるもののことであり，部品規格，設計規格，製図規格などのほかに，製品の質を決める材料部品規格などもある．JIS Z 8002：2006では，「与えられた状況において最適な秩序を達成することを目的に，共通的に繰り返して使用するために，活動又はその結果に関する規則，指針又は特性を規定する文書であって，合意によって確立し，一般に認められている団体によって承認されているもの」と説明されている．

④ **“技術仕様書”**とは，「製品，プロセス又はサービスが満たさなければならない技術的要求事項を規定する文書」(JIS Z 8002：2006)とされている．

⑤ **“業務規定”**とは，「企業の各部門における業務について，担当，実施すべき業務の内容，手順，手続き，方法，権限および責任に関する事項などについて定めたもの」とされている．

解答6.3

(1)キ．製品保護　(2)ア．目的適合性　(3)カ．環境保護
(4)ウ．互換性　(5)エ．多様性の制御　(6)イ．両立性　(7)オ．安全

解説6.3

JIS Z 8002：2006では，標準化の目標の例として，7つの項目が挙げられ，次のように定義されている．

目的適合性：定められた条件の下で，製品，プロセス又はサービスが，所定の目的にかなう能力．

両立性：定められた条件の下で，複数の製品，プロセス又はサービスが，許容できない相互作用を引き起こすことなく，それぞれの直接関係する要求事項を満たしながら，共に使用できる能力．

互換性：ある一つの製品，プロセス又はサービスを別のものに置き換えて用いても，同じ要求事項を満たすことができる能力．

多様性の制御：大多数の必要性を満たすように，製品，プロセス又はサービスの種類を最適化すること．

安全：危害の容認できないリスクがないこと．

環境保護：製品，プロセス及びサービスそれ自体及びその運用によって生じる容認できない被害から，環境を守ること．

製品保護：使用中，輸送中又は保管中，気候上の好ましくない条件又はその他の好ましくない条件から製品を守ること．

標準化では，目標を一つに限定するものでなく，複数の目標を掲げてもよい．

解答6.4

(1)ウ．標準化　(2)イ．規格　(3)カ．国家
(4)ケ．日本産業標準調査会　(5)キ．地域　(6)サ．欧州標準化委員会

(7)オ．国際　(8)シ．国際標準化機構

解説6.4

JIS Z 8002：2006では，標準化について，その活動が行われる段階によって，国際標準化，地域標準化，国家標準化，地区標準化と分類し，標準化の基礎となる規格を採択・公開する規格団体については，国際規格組織，地域規格組織，国家規格団体と分類し，それぞれの団体が採択・公開した規格を国際規格，地域規格，国家規格，地区規格と分類している．

上記の国際，地域，国家，地区の分類の意味は，次のとおりである．

1) 国際：すべての国々で機能する．
電気分野を除く産業分野の国際規格組織には，国際標準化機構(ISO：International Organization for Standardization)があり，国際規格(International Standards)を，採択・公開している．また，電気工学，電子工学，および関連した技術を扱う国際標準化組織には，国際電気標準会議(IEC：International Electrotechnical Commission)がある．

2) 地域：世界の，ある一つの地理上，政治上または経済上の範囲内の国々で機能する．
地域規格組織の例として，欧州標準化委員会(CEN：European Committee for Standardization)があり，欧州規格(EN：European Standards)を採択・公開している．

3) 国家：一つの特定国で機能する．
日本の国家規格団体には，日本産業標準調査会(JISC：Japanese Industrial Standards Committee)があり，日本産業規格(JIS：Japanese Industrial Standards)を採択・公開している．他国では，英国規格協会(BSI：British Standards Institution)，ドイツ規格協会(DIN：Deutsches Institut für Normung)があり，それぞれが英国規格(BS：British Standards)，ドイツ工業規格(DIN：Deutsche Industrie Normen)を採択・公開している．

4) 地区：1つの国の中の1つの地理的区分の段階で機能する．

第6章のポイント

【1．第6章で学ぶこと】

(1)　**“標準”**とは「関連する人々の間で利益または利便が公正に得られるように，統一し，又は単純化する目的で，もの（生産活動の産出物）およびもの以外（組織，責任権限，システム，方法など）について定めた取り決め」である．

(2)　**“作業標準”**とは，「作業の目的，作業条件（使用材料，設備・器具，作業環境など），作業方法（安全の確保を含む），作業結果の確認方法（品質，数量の自己点検など）を示した標準」である．

(3)　**“社内標準”**とは，「個々の会社内で会社の運営，成果物などに関して定めた標準」である．会社の運営には「経営方針，業務所掌規定，就業規則，経理規定，マネジメントの方法」などが挙げられる．

(4)　**“規格”**とは「与えられた状況において最適な秩序を達成することを目的に，共通的に繰り返して使用するために，活動又はその結果に関する規則，指針又は特性を規定する文書であって，合意によって確立し，一般に認められている団体によって承認されているもの」である．

(5)　**“標準化”**とは「実在の問題または起こる可能性がある問題に関して，与えられた状況において最適な秩序を得ることを目的として，共通に，かつ，繰り返して使用するための記述事項を確立する活動」である．この活動は，「特に規格を作成し，発行し，実施する過程」で構成される．

(6)　標準化の主な目標には，①目的適合性，②両立性，③互換性，④多様性の制御，⑤安全，⑥環境保護，⑦製品保護，などが挙げられる．

(7)　標準化，規格の採択・公開の活動のレベルは，その活動へ参加する団体の地理上，政治上又は経済上の広がりの大きさによって区分され，国際，地域，国家，地区などの言葉が接頭辞として付けられる．

標準化のレベル：①国際標準化，②地域標準化，③国家標準化，
④地区標準化

標準化団体：①国際標準化組織，②地域標準化組織など

公開規格：①国際規格，②地域規格，③国家規格，④地区規格

規格団体：①国際規格組織，②地域規格組織，③国家規格組織

【2. 理解しておくべきキーワード】

・標準化　・標準化の目標（目的適合性，両立性，互換性，多様性の制御，安全，環境保護，製品保護）　・標準　・作業標準　・社内標準

・技術仕様書　・業務規定　・規格　・規格団体

・適用範囲のレベル（段階）（国際，地域，国家，地区）

第7章　事実に基づく判断

解答7.1

(1)ア．計量値　(2)ア．計量値　(3)ア．計量値
(4)ア．計量値　(5)イ．計数値　(6)イ．計数値
(7)ア．計量値　(8)イ．計数値

解説7.1

数値で表されるデータの代表的なものに，計量値と計数値がある．

(1)　計量値

計量値は，はかることによって得られるデータで，連続的な値をとる．

重量，寸法，温度，時間，電流，電圧などの他，収率，有効成分の含有率，金額なども計量値である．収率や含有率などのように，分母，分子の双方または一方が計量値の場合は計量値として扱う．連続的な値とは，例えば寸法のように，100 mm と 101 mm の間には無数の値が存在し，連続している状態のものをいう．

次のようなデータは計量値である．

- 建築資材の重量：10 t
- 車の全長：3,950 mm
- 熱処理炉の加熱温度：1025 ℃
- 工場の総運転時間：600 時間／月
- 化学薬品の収率｛(製品重量／原料重量)× 100｝：99.7 %
- 健康食品中の不純物含有率：0.1 ppm
- 年間売上高：2 億 4,200 万円

(2)　計数値

計数値は，数えることによって得られるデータで，不連続な値をとる．

不適合品数(不良品数)，不適合数(欠点数)が代表的なもので，不適合品率

(不良率)，単位面積当たりの不適合数(欠点数)も計数値である．一般に，不適合品率のような比率のデータでは，分母，分子がともに計数値ならば，計数値となる．不連続な値とは，不適合品の数のように，5個の次は6個であり，その間の値はとらず，不連続の状態のものをいう．

次のようなデータは計数値である．

- Q製品の不適合品率{(不適合品数／製品総数)×100}：13.5％
- 反物1 m^2 当たりのきずの数：2個
- 今月の交通事故件数：5件
- 会合の出席率{(出席者人数／サークルメンバー数)×100}：88％

計量値，計数値のほか，1級，2級などの分類データや順位データも数値データの一種である．

① 蒸気釜の温度(単位：℃)は，連続したデータとして測るので計量値である．

② 煮込みの時間(単位：分)は，連続したデータとして測るので計量値である．

③ 1箱の重量(単位：g)は，連続したデータとして測るので計量値である．

④ 油脂重量の含有率(単位：%)は比率のデータである．〔油脂重量(単位：kg)／原料重量(単位：kg)〕×100(%)と計算され，分母，分子ともに測る計量値であるので，比率も計量値となる．

⑤ 箱の個数(単位：個)は，数える不連続なデータなので計数値である．

⑥ 不適合品率(単位：%)は比率のデータである．〔不適合品の箱数(単位：個)／総検査箱数(単位：個)〕×100(%)と計算され，分母，分子ともに数える計数値で不連続であるので，比率も計数値となる．

⑦ 休止時間(単位：時間)は，連続したデータとして測るので計量値である．

⑧ 休止回数(単位：回)は，数える不連続なデータなので計数値である．

解答7.2

(1)エ．事実　　(2)オ．ばらつき　　(3)カ．サンプリング　　(4)ア．測定

(5)ウ．推測・判定　　(6)ア．母集団の構成要素が，いずれも等しい確率で

解説7.2

① 品質管理においては，事実に基づく判断が何より重要である．事実はデータとして正しく把握して，客観的な判断を下すことが大切である．同じ条件や状態で作業をしたつもりでも，結果の特性値は一定でなく，測定されたデータには，ばらつきが含まれていると考えられる．

② データから母集団について推測や判定をする場合，データはばらつきをもつので，ばらつきの状態を考慮する必要がある．

母集団からサンプルを抽出し，これを測定することでデータが得られる．母集団からサンプルを抽出することをサンプリングという．これらの関係を図示すると**図7.4**のようになる．製品などの生産や出荷の単位となる集まりをロットという．ロットごとに合否の判定をするような場合は，ロットが母集団と考えられる．

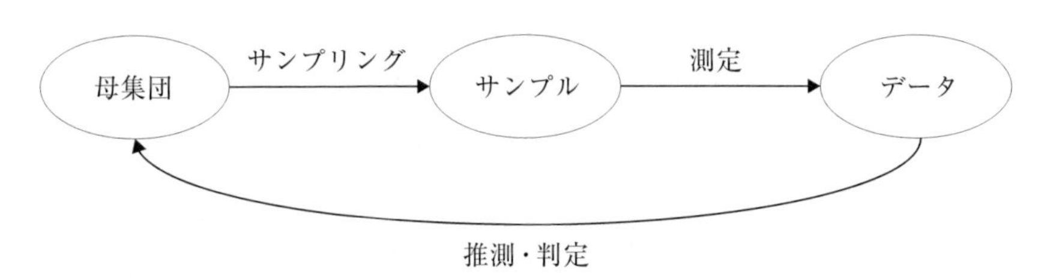

図7.4　母集団，サンプル，データの関係

③ サンプリングの目的は，母集団の姿を正しくとらえることであるので，サンプルは母集団の姿をできる限り反映していなければならない．そのためには，母集団を構成する要素が，いずれも等しい確率でサンプルに含まれるようにサンプリングをする必要がある．このようなサンプルの取り方をランダムサンプリングという．

解答7.3

(1) ×　　(2) ×　　(3) ○　　(4) ×　　(5) ×

解説7.3

“母集団”とは，処置を行おうとする対象の集団であり，そのために母集団に関する情報を得ようとする目的をもって抜き取ったものをサンプルと呼ぶ．サンプルを採取する場合には，その母集団を代表するサンプルを取るようにしなければならない．

普通は，**“ランダムサンプリング”**という方法が用いられる．母集団を代表するサンプルを取り，統計的手法を用いてデータを処理するためには，正しいサンプリング方法，すなわちランダムサンプリングが重要である．

ランダムサンプリングとは，「でたらめに」，「適当に」サンプリングを行うことではない．母集団を構成するものが，かたよりなく，すべて同じ確率でサンプルとなるようサンプリングすることである．

① K 市のすべての区の有権者 1,248,335 人を母集団としているにもかかわらず，N 区だけから 1,000 人選んでいるので，かたよりがあり，ランダムサンプリングとはいえない．

② 1 箱 120 本入りのびん詰め飲料 100 箱，すなわち，12,000 本を母集団としているにもかかわらず，最後に箱詰めされた 1 箱だけから 120 本のサンプルを採取しているので，かたよりがあり，ランダムサンプリングとはいえない．

③ タンクに入った液状薬品 2,000 ℓ を母集団とし，タンク内が均一になるよう十分に攪拌しながら 100 mℓをカップで採取しているので，かたよりなくランダムにサンプリングされている．

④ トレーラー上の鉱石 10 t を母集団としているにもかかわらず，上層部だけから 2 kg のサンプルを採取しているので，かたよりがあり，ランダムサンプリングとはいえない．

⑤　8時から16時の間，コンベア上を流れてくるすべてのパック詰め食品を母集団としているにもかかわらず，始めの8時と終わりの16時に，それぞれ3パックのサンプルを採取しているので，かたよりがあり，ランダムサンプリングとはいえない．

解答7.4

(1)ア．A工場の従業員全員　(2)オ．3,525人　(3)エ．20人
(4)オ．423.0分　(5)ウ．210分

解説7.4

母集団とは，推測などを行おうとする対象の集団である．母集団に関する情報を得ようとする目的をもって抜き取ったものをサンプルと呼ぶ．

①　この調査の対象は，A工場の従業員全体であり，その大きさ(人数)は3,525人である．

②　聞き取り調査をした従業員はサンプルであり，その大きさ(人数)は20人である．

③　データの平均的傾向を示す数値として**“平均値”** $\bar{x}$ がある．

もっとも基本的な統計量で，算術平均ともいう．

平均値＝データの総和／データの数

で求めることができる．

n 個のデータを x_1，x_2，x_3，…，x_n とすると，次の式によって平均値 $\bar{x}$ を求めることができる．

$$\bar{x} = \frac{x_1 + x_2 + x_3 + \cdots + x_n}{n} = \frac{\sum x_i}{n}$$

平均値は通常データ数 n が20個くらいまでなら測定値の1桁下まで求め，20個以上の場合は2桁下まで求めるのが一般的である．

本問の場合は，

平均睡眠時間＝20 人の睡眠時間の合計／20＝8460/20＝423.0(分)

となる．

④　1 組のデータの中の最大値(x_{max})と最小値(x_{min})の差を **“範囲”** R と呼ぶ．

範囲＝最大値－最小値

で求める．数式で表すと，

$$R = x_{max} - x_{min}$$

となる．

範囲はばらつき(広がり具合)を表す数値であり，簡便に求めることができるという特徴がある．しかし，最大値と最小値以外のデータは直接用いられないので，データ数が多くなってくると，標準偏差に比べ，ばらつきの尺度としての推定精度が悪くなる．

本問の場合は，

睡眠時間の範囲＝睡眠時間の最大値－睡眠時間の最小値

＝520－310

＝210(分)

となる．

解答7.5

(1)ア．K　　(2)キ．37.0　　(3)イ．W　　(4)ウ．2

解説7.5

①　本問の場合は，

Kさんの平均値 $\bar{x}$：平均値＝データの総和／データの数

$$\frac{32+33+35+42+37+43}{6} = \frac{222}{6} = 37.0(\text{分})$$

Wさんの平均値 $\bar{x}$：平均値$= \dfrac{38+39+39+40+38+40}{6} = \dfrac{234}{6} = 39.0(\text{分})$

となり，K さんの平均値のほうが小さく，その値は 37.0 分である．

② 本問の場合は，

Kさんの範囲 R：範囲＝最大値－最小値＝43－32＝11(分)

Wさんの範囲 R：範囲＝最大値－最小値＝40－38＝2(分)

となり，Wさんの範囲のほうが小さく，その値は 2 分である．

解答7.6

(1) ウ．245.3 万円である　(2) ウ．127 万円である　(3) イ．棒グラフ

(4) ア．数量の大きさを比較する

解説7.6

① 4 号店のデータはわからないが，データの数と合計はわかっているので，

$$平均売上高：\bar{x}=\frac{データの総和}{データの数}=\frac{1717}{7}=245.3(万円)$$

となる．

② ここでも，4 号店のデータがわからないが，**図 7.3** のグラフを見ると，4 号店のデータは最大値でも最小値でもないことがわかる．

したがって，他の店舗のデータから最大値，最小値を求めればよい．

売上高の範囲：R＝最大値－最小値＝312－185＝127(万円)

となる．

③ 図のグラフは，棒グラフと呼ばれる．数量の大きさを比較するときに用いられ，一定の幅の棒を並べ，その棒の長さによって数量の大小を比較する．

第７章のポイント

【1．第７章で学ぶこと】

(1)　品質管理では，技術，経験や勘だけに頼るのではなく，事実を客観的に数値化し，**“データ”**として把握して，それに基づき判断する．

(2)　品質管理で取り扱う代表的な数値的なデータに計量値と計数値がある．

“計量値”は，はかる(測る，量る)ことによって得られる数値データで，連続的な値をとる．

“計数値”は，数えることによって得られる数値データで，不連続な値をとる．

(3)　**“母集団”**とは，推測などを行おうとする対象の集団である．母集団に関する情報を得ようとする目的をもって抜き取ったものを**“サンプル”**と呼ぶ．

(4)　サンプルを採取する場合には，その母集団を正しく代表するサンプルを取るようにしなければならない．通常は，**“ランダムサンプリング”**という方法が用いられる．

(5)　データの平均的傾向を示す数値が**“平均値”**$\bar{x}$である．

$$\text{平均値} = \frac{\text{データの総和}}{\text{データの数}}$$

で求めることができる．

(6)　**“範囲”**Rは，ばらつき(広がり具合)を表す数値であり，１組のデータの中の最大値と最小値の差である．

範囲＝最大値－最小値

で求める．

【2．理解しておくべきキーワード】

・計量値　・計数値　・母集団　・ロット　・サンプル　・データ
・サンプリング　・ランダムサンプリング　・平均値　・ばらつき
・最大値　・最小値　・範囲

第8章　データの活用と見方

解答8.1

(1)ウ　(2)オ　(3)ア　(4)カ　(5)エ　(6)イ　(7)キ

解説8.1

① **“パレート図”**とは，JIS Q 9024：2003 によると，「項目別に層別して，出現頻度の大きさの順に並べるとともに，累積和を示した図」である．パレート図は，改善すべき事項や問題の全体に及ぼす影響の確認や改善による効果の確認などに使用されている．テーマの選定，現状把握で用いられることが多い．

② **“特性要因図”**とは，JIS Q 9024：2003 によると，「特定の結果(特性)と要因との関係を系統的に表した図」である．問題解決において，問題の因果関係を整理し原因を探索するのに重要な道具のひとつである．

③ **“チェックシート”**とは，JIS Q 9024：2003 によると「計数データを収集する際に，分類項目のどこに集中しているかを見やすくした表又は図」である．チェックシートには，チェックする目的によって多くの様式がある，大別すると，「ある目的を達成するためにデータをとる記録・調査用チェックシートと，事前に定められた点検項目を満足しているかを調査する点検・確認用チェックシート」がある．

④ **“ヒストグラム”**とは，「測定値の存在する範囲をいくつかの区間に分けた場合，各区間を底辺とし，その区間に属する測定値の度数に比例する面積をもつ長方形を並べた図」である．ヒストグラムは，中心的傾向，ばらつきの程度や測定値の分布(測定値が散らばっている様子)の形を表すことができる．

⑤ **“散布図”**とは，JIS Q 9024：2003 によると，「二つの特性を横軸(x)と縦軸(y)にとり，観測値を打点して作るグラフ」である．散布図上の点の散らばり方により，視覚的に x と y の相関の有無を知ることができる．

⑥ **“グラフ”**とは，JIS Q 9024：2003によると，「データの大きさを図形で表し，視覚に訴えたり，データの大きさの変化を示したりして理解しやすくした図」である．目的に適したグラフを選択するためには，何を訴えたいか，何に注目したいかということを考えることが必要である．

“管理図”とは，JIS Q 9024：2003によると，「連続した観測値又は群のある統計量の値を，通常は時間順またはサンプル番号順に打点した，上側管理限界線，及び／又は下側管理限界線をもつ図」である．管理図は，管理限界線により，工程の変動を偶然原因による変動と異常原因による変動に区別したもので，工程管理や工程解析に用いられる．

⑦ **“層別”**とは，「母集団をいくつかの層に分割すること」をいう．JIS Z 8101-2：2015では，「母集団を層に分ける分割」と定義している．注記として，「目的とする特性に関して，層内がより均一になるように層を設定する」とある．

なお，JIS Q 9024：2003では，グラフと管理図を分けて，層別を除いた7つを「QC七つ道具」と呼んでいる．

解答8.2

(1)○　(2)○　(3)×　(4)○　(5)×

解説8.2

“層別”とは，「母集団をいくつかの層に分割すること．層は部分母集団の一種で，相互に共通部分を持たず，それぞれの層を合わせたものが母集団に一致する．目的とする特性に関して，層内がより均一になるように層を設定する」ことである．一方，**“分類”**とは，「あらかじめ用意されたカテゴリーに従って試料を仕分ける方法及び行為」(JIS Z 8144：2004)である．これより，分類と層別はその目的や方法が異なる．

① この例では，ラインによって発生頻度が違うのではないかと考えているの

で，この行為は層別である．

② 手直し品の発生について，作業者の経験年数によって発生するのではないかと考えたので，この行為は層別である．

③ 外観品質について，あらかじめ決められたカテゴリーとして１級品，２級品，３級品で分けているので，この行為は，層別ではなく，分類である．

④ 時間帯により遅配数が違うのではないかと考えているので，この行為は層別である．

⑤ 経年による液晶の輝度の経年劣化に応じて高輝度，中輝度，低輝度に区分しているので，この行為は層別ではなく，分類である．

解答8.3

(1)イ．ヒストグラム B　(2)ア．ヒストグラム A
(3)ウ．ヒストグラム C　(4)カ．異なった　(5)キ．観測値
(6)ク．外れ値

解説8.3

① ヒストグラム B は，右側に離れ小島がある．離れ小島は，工程に異常があったり，測定や記録に誤りがあった場合などに現れる．

② ヒストグラム A は，左側が絶壁になっている．絶壁は，上側または下側規格を外れた不良品について，全数選別を行い，取り除いた場合などに現れる．

③ ヒストグラム C は，二山形である．二山形は，中心の離れた２つの分布が一緒に混ざった場合などによく現れる．

④ 異常値とは，「観測値の集合のうち，異なった母集団からのものまたは，計測の過ちの結果である可能性を示す程度に，他と著しくかけ離れた観測値」である．なお，外れ値は異常値と同じ意味で用いられている．

解答8.4

(1)コ．散布図　(2)キ．高くなる　(3)ア．低くなる　(4)ケ．正

(5)イ．直線的　(6)カ．異常値

解説8.4

① 対応のある2つの変数間の関係を見る場合，散布図を作成する．散布図では，以下の点に注意して，見る必要がある．

- 点の並び方に何らかの傾向があるかどうか．
- その傾向は直線的か，あるいは曲線的かどうか．
- その傾向からのばらつきはどうか．
- 異常値はないかどうか．
- 点の集まり(クラスター)はないか，また，点の集まりがあるとすれば層別を行うべきかどうか．

② 散布図より，温度が高くなると，強度が高くなる関係がある．

③ また，温度が低くなると，強度が低くなる関係がある．

④ ②，③のような関係を，正の相関関係があるという．

⑤ 図から，直線的な関係があることがわかる．

⑥ 図から，異常値と疑われるような点はない．もし，異常値があれば，その原因を追究する必要がある．

解答8.5

(1)ス．管理図　(2)エ．管理線　(3)オ．4　(4)カ．中心

(5)キ．異常

解説8.5

① **“管理図”**とは，「連続したサンプルの統計量の値を特定に順序で打点し，その値によってプロセスの管理を進め，変動を維持管理及び低減するための図」(JIS Z 8101-1：2015)のことである．

② 管理図には，データから計算される中心線(CL)，上側管理限界線(UCL)，下側管理限界線(LCL)の３本の管理線が引かれている．

③ 管理図を見る場合には，打点が管理限界内にあるか，打点の並び方にくせがないかを見て，異常の有無を判断する．また，打点の並び方のくせには，打点が中心線に集まる，打点が引き続き上昇または下降するなどの判定基準がある．打点が，管理限界線から飛び出したり，打点の並び方にくせがあった場合，プロセス(工程)は異常であると判断する．

解答8.6

(1)ク．パレート図　　(2)コ．多い　　(3)ア．重点指向

(4)イ．折れ線グラフ　　(5)オ．３

解説8.6

① **“パレート図”**とは，「職場で問題となっている不適合品や不適合，クレーム，事故などを，その現象や原因別に分類してデータをとり，不適合品数や損失金額などの多い順に並べて，その大きさをグラフで表した図」である．このように，多い順に並べることで，重点指向することができる．

② このパレート図は，棒グラフと折れ線グラフで構成された図である．

③ ①で重点指向した際，３項目で約80％近くあることがわかるので，この３項目について原因を追究し改善を行う．

解答8.7

(1)エ．設計　　(2)ウ．記録・調査用　　(3)カ．簡単

解説8.7

① **“チェックシート”**は，「データが簡単にとれ，しかもそのデータが整理しやすいように，あらかじめ設計してあるシート(様式)のこと」である．

② チェックシートは，大きく分けると，記録・調査用と点検・確認用がある．記録・調査用では，工程分布調査用，不良(不適合)項目調査用，欠点(不適合)発生位置調査用，不良(不適合)要因調査用などのチェックシートがあり，点検・確認用には，点検・確認用チェックシートがある．

③ チェックシートは，数値やマークなどの記号で，簡単に記録できるように工夫する必要がある．チェックシートの例として，部品の欠点(不適合)発生位置調査用チェックシートを示す(**図 8.6**)．

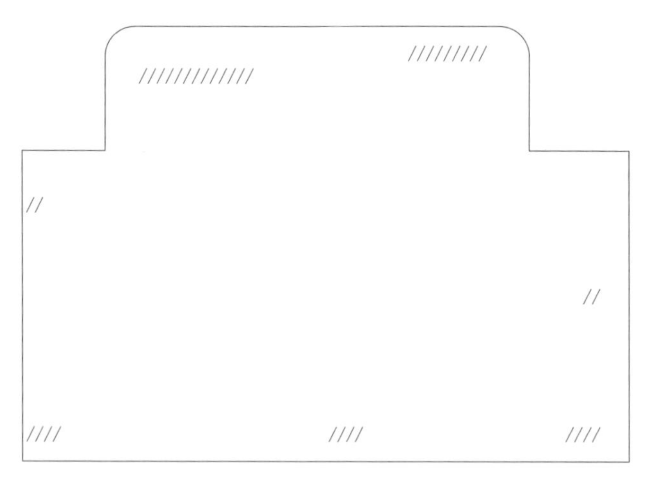

図 8.6　部品の欠点発生位置調査用チェックシートの例

解答8.8

(1)ウ．特性　(2)ア．要因　(3)キ．系統的　(4)カ．小骨

解説8.8

① **“特性要因図”**は，「いま問題としている特性(結果)とそれに影響を及ぼしていると思われる要因(原因)との関連を整理して，魚の骨のような図に系統的にまとめたもの」である．

② 特性要因図は，大骨，中骨，小骨と魚の骨に模して展開・記載する．特性要因図の例を**図 8.7** に示す．

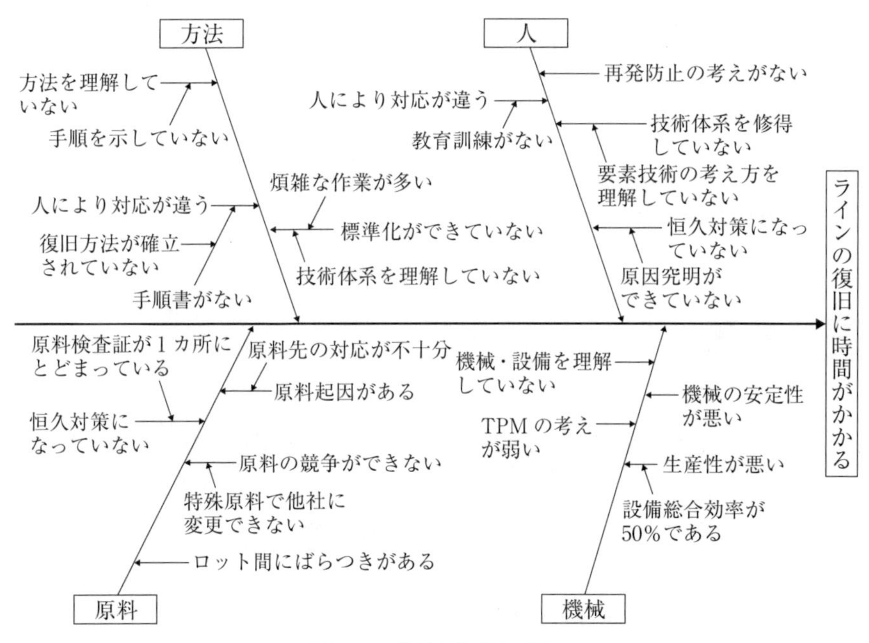

図 8.7　特性要因図の例

解答8.9

(1)ク．発生している　(2)オ．大きい
(3)カ．規格の中心より少し下限にかたよっている　(4)キ．二山形
(5)コ．層別

解説8.9

図 8.5 のヒストグラムから，規格上限，規格下限の両方から規格外れが発生している．また，ばらつきは規格幅に比べて大きいこと，平均値は，規格の中心より少し下限にかたよっていることがわかる．分布の形状は，二山形であり，その原因を追究するため，層別について考える必要がある．

解答8.10

(1)カ．比較　(2)ウ．視覚的　(3)エ．直感的　(4)ア．折れ線グラフ
(5)オ．レーダーチャート

解説8.10

① **“グラフ”**とは,「データを図の形に表して，数量や割合の大きさを比較し，数量の変化する状態を，視覚的にわかりやすくする目的で作成されるもの」である．
② グラフの利点は，ひと目で見て，直感的に理解でき，去年や今年など，データの対比がしやすいことである．さらに，グラフはデータの数値の羅列ではないので，見る人が理解しやすく，興味を持ってもらえる．
③ 折れ線グラフは，打点の高低で数量の大小を比較するとともに，時間の経過による変化を見るものである．
④ レーダーチャートは，中心点から分類項目の数だけレーダー上(放射線状)

に直線を伸ばし，線の長さで数量の大きさを示すものである．

解答8.11

(1)ウ．特性要因図　(2)カ．自由に　(3)ケ．創造性　(4)キ．集団的
(5)ク．発想　(6)シ．オズボーン

解説8.11

① 特性要因図を作成する際は，ブレーンストーミングを用いて，関係する人が集まり，自由に多くの意見を出し合って，要因を出して行くことが重要である．

② 『広辞苑』によると，ブレーンストーミングとは，「創造性を開発するための集団的思考の技法の一つ．会議のメンバーが，自由に意見や考えを出し合って，すぐれた発想を引き出す方法」である．

③ ブレーンストーミングは，オズボーン(A. F. Osborn)が提唱したものである．議論を進めるための4つの基本的ルール，「発言を批判しない」，「どんな発言でも取り上げる」，「発言は多いほどよい」，「他人のアイデアに便乗する」に従って進める．

第8章のポイント

【1．第8章で学ぶこと】

(1)　**“QC 七つ道具”**(パレート図，特性要因図，ヒストグラム，グラフ／管理図，チェックシート，散布図，層別)は，品質管理における問題解決の場面でよく用いられる．

(2)　**“パレート図”**とは，「問題となっている不良品や欠点，クレームなどを，その現象や原因別に層別し，データを集計し，不良個数や欠点数，損失金額などの多い順に，層別項目を並べ替えて，その大きさを棒グラフで表し，各項目の累積比率を累積曲線で結んだ図」である．

(3)　**“特性要因図”**とは，「問題とする特性と，それに影響を及ぼしていると思われる要因との関連を系統的に整理し，魚の骨のような図に体系的にまとめ，整理することで，問題を共有する図」である．

(4)　**“ヒストグラム”**とは，「データの存在する範囲をいくつかの区間に分け，各区間に入るデータの出現度数を数えて，度数表を作り，それを図にしたもの」である．

(5)　**“グラフ”**とは，「データの結果を一目でわかるようにした図」である．視覚に訴え，より多くの情報を要約して，より早く，正確に伝えられる．

(6)　**“管理図”**とは，「工程における偶然原因による変動と異常原因による変動を区別して，工程を管理するための時系列の推移グラフ」である．中心線(CL)とその上下に3シグマ(σ)のルールに基づいて決められた管理限界線(UCL，LCL)から構成されている．管理図を見る場合には，打点が管理限界内にあるか，打点の並び方にくせがないか，を見て，工程の異常の有無を判断する．

(7)　**“チェックシート”**は，「データが簡単にとれ，そのデータが整理しやすいように設計したものである．データが簡単に記入できたり，点検・確認項目のチェックなど，漏れがなく，合理的にチェックできるように，様式化したシート」である．チェックシートの種類は，大別して記録・

調査用と点検・確認用がある．

(8)　**“散布図”**とは，「対になった2つのデータ x，y をとり，データ x を横軸に，データ y を縦軸にとり，データをプロットした図」である．

(9)　**“層別”**とは，「母集団をいくつかの層に分割すること．層は部分母集団の一種で，相互に共通部分を持たず，それぞれの層をあわせたものが母集団に一致する．目的とする特性に関して，層内がより均一になるように層を設定する」である．一方，**“分類”**とは，「あらかじめ用意されたカテゴリーに従って試料を仕分ける方法および行為」である．これより，分類と層別はその目的や方法が異なる．

(10)　**“異常値”**とは，「観測値の集合のうち，異なった母集団からのものまたは計測の過ちの結果である可能性を示す程度に，他と著しくかけ離れた観測値」のことである．

(11)　**“ブレーンストーミング”**とは，「創造性を開発するための集団的思考の技法の一つ．会議のメンバーが，自由に意見や考えを出し合って，すぐれた発想を引き出す方法」である．

【2．理解しておくべきキーワード】

・QC七つ道具　・パレート図　・特性要因図　・チェックシート
・ヒストグラム　・度数　・上限規格　・下限規格　・散布図　・正の相関
・負の相関　・グラフ　・管理図　・中心線(CL)　・上側管理限界線(UCL)
・下側管理限界線(LCL)　・層別　・分類　・異常値
・ブレーンストーミング

第9章　企業活動の基本

解答9.1

(1)ウ．サービス　(2)イ．ソフトウェア　(3)ア．ハードウェア

解説9.1

“製品”とは，「プロセスの結果であり，顧客に提供され価値を生む出すもの」(『日本の品質を論ずるための品質管理用語85』)である．製品は一般的に，サービス，ソフトウェア，ハードウェア，素材製品の4つに分類される．

表9.1に，各製品分類の例を示す．

表9.1　製品分類の例

製品分類	例
サービス	教育，修理，輸送，医療，介護など
ソフトウェア	コンピュータプログラム，ゲームソフト，楽曲，映像など
ハードウェア	機械部品および製品，医療用薬品，料理など
素材製品	潤滑油，燃料，冷却液，塗料など

夏季補習授業は，サービスを受験生に提供しているといえる．受験用模擬試験問題は，著作物にあたるのでソフトウェアである．予備校名入りのシャープペンシルは，筆記用具なのでハードウェアである．

解答9.2

(1)ウ．納期(Delivery)　(2)エ．生産性(Productivity)
(3)イ．コスト(Cost)　(4)オ．安全(Safety)
(5)キ．環境(Environment)　(6)カ．心の健康(Molare，Moral)

解説9.2

製品を製造，提供する現場では，多くの項目の管理を行っている．その項目の代表的なものの頭文字をとって“QCDPSME”と略されている．各頭文字に対応した英語と日本語を**表 9.2** に示す．

表 9.2　QCDPSME の意味

頭文字	英語	日本語
Q	Quality	品質，質
C	Cost	原価，費用
D	Delivery	量，納期
P	Productivity	生産性
S	Safety	安全
M	Morale，Moral	心の健康
E	Environment	環境

1）必要なときに，必要な量を届けるためには，納期(Delivery)についての関心が必要である．
2）限られた労働力で，要求されるサービスを提供するには，生産性(Productivity)についての関心が必要である．
3）食材の費用は料理の原料費なので，コスト(Cost)についての関心が必要である．
4）従業員の災害が起こらないようにするには，安全(Safety)についての関心が必要である．
5）環境保護のためには，廃棄物の処分をしやすくして廃棄するなど，環境(Environment)についての配慮が必要である．
6）従業員が楽しさ，興味，やりがいをもって勤務を継続してもらうためには，心の健康(Morale，Moral)についての配慮が必要である．

解答9.3

(1)イ．部下　(2)ア．上司　(3)ケ．報告　(4)キ．連絡
(5)コ．相談

解説9.3

報告，連絡，相談は，企業など組織における活動の基本，すなわち社会人の行動の心得ともいわれるもののひとつである．これらの言葉は，1文字目の漢字の読みで省略して，**“ほうれんそう”**と，野菜の名前になぞらえ，思い出しやすくされている．

企業は，従業員を上司・部下の上下関係で構成した組織であり，上司は部下に指示した命令の遂行，その遂行によって得られる結果に対して責任を有している．そのため，上司には，業務を成し遂げるのに必要な情報を集中させる必要がある．したがって，部下の基本的な活動として，報告，連絡，相談が要求される．

1)　報告：これから開始する業務の計画，または，完了した業務の結果に関わる情報を伝えること．
2)　連絡：上司が次にとるべき行動の契機を示唆する情報を伝えること．
3)　相談：予定または予想していなかった状況が発生し，計画どおりの業務遂行が困難なため，新しい指示を仰ぐための情報交換のこと．

解答9.4

(1)キ．Cさん　(2)ア．形状不良の部品 A を作った
(3)エ．約1週間前から　(4)ク．成型工程
(5)イ．金型取付けボルトがゆるんでいた
(6)オ．不適合品率で約4％程度

解説9.4

問題の報告例では，「作業員のCさん(Who)が形状不良の部品 A を作ってい る(What)」原因を報告しようとするものである．それは，成型工程(Where)で生じており，約1週間前から(When)起きているとして，起こっている場所，時期について伝えている．さらに，その起こっている様子について，不適合品率で約4％(How)であり，原因は金型取付け金具のゆるみであろう(Why)と，起こっている程度とその原因を伝えている．

経験した事柄や観察した事柄を他人へ伝達する場合，経験した者の思い込みで，他人もわかっているものと思い込み，不正確に伝達する場合が起こりがちである．このような場合，いつ(When)，どこで(Where)，どのような程度で(How)，なぜ(Why)，誰が(Who)，何を行っている(何が起きている)(What)，という5W1H の要素を押さえて伝達することにより，そのような間違いを防ぐことができる．なお，“ほうれんそう(報連相)”の実践においては，正確，簡潔，かつ具体的な内容にすることが必要であり，5W1H のポイントを押さえることが重要である．

“5W1H”の要素に対応する日本語として，他の解説書では，本問で使った言葉とやや異なった下記の語句も用いられている．伝達の内容，目的に応じて適切に用いるとよい．

1)　What：何を，何について，何のために(対象)
2)　When：いつ，いつまでに(日時)
3)　Who：だれが，だれと(人)
4)　Where：どこで(場所)
5)　Why：なぜ，どうして(目的)
6)　How：どのように(方法)

解答9.5

(1)イ．三現　　(2)ク．現場　　(3)カ．現物　　(4)コ．現実

(5)キ．原理　(6)サ．原則　(7)ウ．5ゲン

解説9.5

問題の解決に取り組む場合，問題が起きている場所で，問題となっている事物を見ながら，問題はどんな状況になっているかを，具体的に検討することが重要である．言い換えると，現場で，現物を見ながら，状況の現実を検討することが重要である．これを実践することを**"三現主義"**という．

問題が発生したときに，ただ漫然と三現主義を実践しても，問題点の認識や解決策の立案を行うことはできない．このとき，ある種の基準をもって問題を見ると問題点が明確になり，解決策の立案も容易になる．**"5ゲン主義"**とは，三現主義を実践する中で，基準となる原理・原則に照らし合わせてものごとを見る考え方である．

なお，原理は，「事象やそれについての認識を成り立たせる，根本となるしくみ」(『大辞林』)とされており，原則は，「多くの場合にあてはまる基本的な規則や法則」(『大辞林』)とされている．問題では，潮風の吹く海辺では，風に含まれる塩分によって金属の腐食が促進されるという金属腐食の原理に照らし合わせて，海から離れた物件にしては，腐食の進行が速いと評価している．また，「南向きの窓が多いと室内が明るく，健康的で暮らしやすい」というのは，「多くの場合にあてはまる基本的な規則や法則」であるから，原則となる．

解答9.6

(1)オ．清掃　(2)ア．整理　(3)ウ．整頓　(4)カ．清潔
(5)サ．4S　(6)ク．躾(しつけ)　(7)シ．5S

解説9.6

① 仕事を効率的に進めるために必要な4つの要素である整理・整頓・清掃・

清潔のローマ字表記の頭文字を使って4Sとし，職場や活動のスローガンとして用いられている．

各Sの意味は次のとおりである．

整理：必要なものと不必要なものを区分し，不必要なものは捨てる．

この観点から，不必要な出力ミス用紙が，提出書類に混ざらないように捨てておくべきである．

整頓：必要なものを必要なときに取り出して活用できる状態にしておく．

この観点から，必要なときに必要な書籍を取り出せるよう，分野別に並べておくのがよい．

清掃：机の上のほこりを拭き，床や廊下のちりやごみを取り払う．

この観点から，快適に過ごせるように室内，机の上など，絶えず掃除しておくべきである．

清潔：日ごろから使用する事務機器，キャビネットなどを汚れがないように保ち続ける．

この観点から，日頃使う道具は，快適に使用できるように清潔にしておくべきである．

② 4Sで構築した快適な活動空間を維持するには，4Sを習慣化する必要がある．習慣化するための働きかけが躾(しつけ)である．4Sに躾を加えたものを5Sと呼んでいる．

躾の意味は次のとおりである．

躾：常に安全できれいな働きやすい職場にしておくために，ルールなどを決めて守る．

この場合，快適な生活空間を維持するために，日頃から，4Sを守る習慣を作ることが重要である．

解答9.7

(1)×　(2)○　(3)×　(4)○　(5)×　(6)×　(7)×　(8)×

(9)○　(10)×

解説9.7

① 職場の制服は，それを着用することにより，就業中であるとの意識を明確にすることができる．また，就業中の行為を制服により統制しようとしている場合(たとえば，ポケットのない制服を着用することにより，作業現場に外部からの異物を持ち込ませない)もあるので，私服が認められている職場以外では，必ず着用するべきである．

② “職場での人間関係を円滑に保つ”ためには，隣の課の課長であっても，挨拶をするのがよい．出社時や退社時，会議で集合したときなど，挨拶を行うのがよい．

③ 出来高制でなく，月ごとの定額の給与を支給されているのであれば，社内で決められている時間の間，働く義務がある．労働して給与をもらうプロとしての自覚をもち，さらには組織(会社など)の一員であるということを意識し，自分勝手な行動をとらないことが必要である．

④ 会社から支給されたものは，私有物でなく会社の財産であるので，使用しないからといって，自宅へ持ち帰るのは避けるべきである．

⑤ 安全週間は，職場で決められた安全に関する項目の点検を行い，必要に応じた事故防止対策を施したり，従業員へ安全に対する考えを教育したりする行事である．この行事は，安全に関する部署だけが行うものでなく，全員参加で行い，企業全体の安全意識を向上させることを目的としている．安全週間で醸成した安全意識は，安全週間のときだけ認識すればよいということではなく，常に認識し，安全の確保に努めることが重要である．

⑥ 企業では，個人行動より，組織行動によって仕事の目的を達成することが多い．したがって，自分の行動の他人の仕事への影響をよく把握し，悪影響を及ぼさないように配慮しなければならない．そのためには，始業時間を守るなど，自分の身勝手な判断と行動は，自制し，企業内でのルールを守るようにしなければならない．

⑦ ハインリッヒは多数の事故調査から「1件の重大事故(災害)の背景には，29件の軽微な事故があり，その背後には300件の異常(ヒヤリ・ハット)が

ある」ことを見出した．このことは，ヒヤリ・ハットの段階であっても，この原因を取り除いておくことは，災害の防止対策として重要であることを意味している．

⑧ **“危険予知活動”**は **KY 活動**や **KYK** ともいい，作業者自身が，作業を開始する前に危険な箇所や行動などを予知・予測し，事故を防止する対策を事前に実施しておくことである．同じような作業であっても，日時や現場によって，作業の状況や環境も異なるので，作業前には必ず危険予知活動を実施することが重要である．

⑨ **“危険予知トレーニング”**は **KYT** ともいい，作業現場や作業の様子を写真やイラストにして，そこに潜んでいる危険な箇所や行動を見つけ，その対策を考えるという訓練活動である．写真やイラストだけでなく，実際の現場や作業を見ながら行う危険予知トレーニングも有効である．

⑩ 安全を確認する目的で，自分の行動や確認すべきことなどを「前方ヨシ！」など，実際の対象物を見て指差し，大きな声を出して確認することを**“指差呼称”**という．対象物を見るだけでなく，指で指して，さらに声を出して確認することは，ヒューマンエラーによる事故を防止するために有効である．

第９章のポイント

【1．第９章で学ぶこと】

(1)　**“製品”**とは，「工程(プロセス)の結果」であり，また，「消費者に提供するための有形・無形の商品，サービス，ハードウェア，ソフトウェア，およびこれらを組み合わせたものでもある．

(2)　製品を製造，提供する一般的な現場では，“QCDPSME“と略されている項目に着目して管理が行われている．

(3)　報告，連絡，相談は，企業など組織活動における活動の基本，すなわち社会人の行動の心得といわれるもののひとつである．これを野菜の名前になぞらえて，**“ほうれんそう”**という．

(4)　他人へ事柄を伝達するには，いつ(When)，どこで(Where)，どのような程度で(How)，なぜ(Why)，誰が(Who)，何を行っている(何が起きている)(What)，という5W1Hの要素を押さえて伝達をすることが重要である．

(5)　問題解決に取り組む場合，問題が起きている場所で，問題となっている事物を見ながら，問題はどんな状況になっているかを，具体的に検討することが重要である．言い換えると，現場で，現物を見ながら，状況の現実を検討することが重要である．これを実践することを**“三現主義”**という．

(6)　ただ漫然と三現主義を実践しても，問題点の認識や解決策の立案を行うことはできない．このとき，原理・原則に照らし合わせてものごとを見ると，問題点が明確になり，解決策の立案も容易になる．三現主義に原理・原則を合わせて**“5ゲン主義”**という．

(7)　仕事を効率的に進めるために必要な４つの要素である整理・整頓・清掃・清潔のローマ字表記の頭文字を使って**“4S”**とし，職場や活動のスローガンとして用いられている．４Sを習慣づけるための活動を躾(しつけ)といい，4Sに，これを含めて**“5S”**と呼ぶ．

(8)　企業では「安全衛生」がすべての基本である．安全衛生管理を徹底し，労働災害の防止活動を積極的に行っている．ヒヤリ・ハット活動，危険予知活動（KY 活動，KYK），危険予知トレーニング（KYT），指差呼称などの活動が各会社や組織で行われている．

(9)　企業は多くの人達が働く組織体である．組織を円滑に運営していくために，守らなければならないルールやマナーがある．社会人は，これらのルールやマナーを守らなければならない．

【2．理解しておくべきキーワード】

・製品　・QCDPSME　・ほうれんそう　・5W1H　・三現主義
・５ゲン主義　・就業規則　・マナー　・時間厳守　・挨拶　・言葉遣い
・服装　・公私のけじめ　・プロとしての自覚　・4S　・5S　・安全週間
・ヒヤリ・ハット活動　・危険予知活動（KY 活動，KYK）
・危険予知トレーニング（KYT）　・指差呼称　・ヒューマンエラー

引用・参考文献

［1］ 品質管理検定運営委員会：「品質管理検定（QC 検定）4 級の手引き Ver.3.0」，日本規格協会，2015 年

［2］ 細谷克也：『QC 七つ道具―新 JIS 完全対応版―』，日科技連出版社，2006 年

［3］ 細谷克也編著：『QC 検定受験テキスト 4 級』，日科技連出版社，2012 年

［4］ 細谷克也編著：『QC 検定 4 級対応問題・解説集』，日科技連出版社，2010 年

［5］ 細谷克也編著：『【新レベル表対応版】QC 検定受検テキスト 3 級』，日科技連出版社，2015 年

［6］ 吉澤正編：『クォリティマネジメント用語辞典』，日本規格協会，2004 年

［7］ 日本品質管理学会標準委員会編：『日本の品質を論ずるための品質管理用語 85』，日本規格協会，2009 年

［8］ 新村出編：『広辞苑（第六版）』，岩波書店，2008 年

［9］ 日本工業標準調査会審議：「JIS Z 8101-1：2015　統計−用語及び記号−第 1 部：一般統計用語及び確率で用いられる用語」，日本規格協会，2015 年

［10］ 日本工業標準調査会審議：「JIS Z 8101-2：2015　統計−用語及び記号−第 2 部：統計の応用」，日本規格協会，2015 年

［11］ 日本工業標準調査会審議：「JIS Q 9024：2003　マネジメントシステムのパフォーマンス改善―継続的改善の手順及び技法の指針」，日本規格協会，2003 年

◆品質管理検定講座編集委員会　委員紹介

委員長・編著者　細谷　克也　(ほそたに　かつや)
品質管理総合研究所　代表取締役所長

委　員・著　者　岩崎　日出男　(いわさき　ひでお)
近畿大学　名誉教授

今野　　勤　(こんの　つとむ)
神戸学院大学経営学部　教授

竹山　象三　(たけやま　しょうぞう)
有限会社ていくすりー企画　代表取締役

竹士　伊知郎　(ちくし　いちろう)
南海化学株式会社　顧問

西　　敏明　(にし　としあき)
岡山商科大学経営学部　教授

品質管理検定講座
【新レベル表対応版】
QC検定4級模擬問題集

2014年5月24日　第1版第1刷発行
2015年11月13日　第1版第3刷発行
2016年6月29日　第2版第1刷発行
2024年2月15日　第2版第10刷発行

編著者　細谷　克也
著　者　岩崎　日出男　今野　　勤
竹山　象三　竹士　伊知郎
西　　敏明
発行人　戸羽　節文

発行所　株式会社日科技連出版社
〒151-0051　東京都渋谷区千駄ヶ谷5-15-5
DSビル
電　話　出版　03-5379-1244
営業　03-5379-1238

検印
省略

Printed in Japan　印刷・製本　㈱リョーワ印刷

ISBN 978-4-8171-9570-8
URL http://www.juse-p.co.jp/